机载

区域网干涉参数定标

InSAR

王　猛　韩冬锐　郑纪业　等◎著

U0349577

中国农业科学技术出版社

图书在版编目(CIP)数据

机载 InSAR 区域网干涉参数定标／王猛等著. --北京：
中国农业科学技术出版社，2024.4
　　ISBN 978-7-5116-6772-4

　　Ⅰ.①机…　Ⅱ.①王…　Ⅲ.①机载雷达-合成孔径雷达-
干涉-参数-定位法　Ⅳ.①TN959.73

中国国家版本馆 CIP 数据核字(2024)第 075248 号

责任编辑	白姗姗
责任校对	李向荣
责任印制	姜义伟　王思文

出 版 者	中国农业科学技术出版社
	北京市中关村南大街 12 号　　邮编：100081
电 话	(010) 82106638 (编辑室)　(010) 82106624 (发行部)
	(010) 82109709 (读者服务部)
网 址	https://castp.caas.cn
经 销 者	各地新华书店
印 刷 者	北京建宏印刷有限公司
开 本	170 mm×240 mm　1/16
印 张	7
字 数	100 千字
版 次	2024 年 4 月第 1 版　2024 年 4 月第 1 次印刷
定 价	48.00 元

《机载 InSAR 区域网干涉参数定标》
著者名单

主　　著：王　猛　韩冬锐　郑纪业

副主著：王　菲　高　瑞

参著人员（按姓氏笔画排序）：

马　爽　王志勇　王剑非　杨书成

杨　洁　杨丽萍　李乔宇　张卓然

张继贤　张钧泳　张晓艳　封文杰

侯学会　赵　争　赵　佳　徐　浩

隋学艳　梁守真　黄国满

前　言

微波遥感以其全天时、全天候的工作能力越来越被重视。合成孔径雷达（SAR）是主动式、不受天气影响和时间限制的微波遥感成像雷达，在资源调查、国土测绘、农业、自然灾害、目标识别等众多领域具有独特的优势。合成孔径雷达干涉测量技术（InSAR）是合成孔径雷达的重要发展，其应用极广，涉及地形测绘、自然灾害监测、冰川地质调查等。由于 InSAR 技术获取高精度数字高程模型（DEM）具有全天时、全天候、高精度等突出优势，它在地形测绘方面具有良好的应用前景，是目前机载 InSAR 应用研究的研究热点。

机载 InSAR 系统为了获得高精度的 DEM，需要在干涉处理时采用高精度的干涉参数。这些干涉参数主要包括基线长度、基线倾角、系统时间延迟、初始斜距、干涉相位偏差、多普勒中心频率等。为了得到高精度的干涉参数，本书以机载 InSAR 干涉参数为对象，研究了干涉参数定标的方法，借鉴区域网平差的方法，详细阐述了大区域稀少控制下的干涉参数定标。本书在"国家西部 1∶50 000 地形图空白区测图工程"、国家重大测绘科技专项"机载多波段多极化干涉 SAR 测图系统"等项目的支持下，利用由中国测绘科学研究院牵头研制的机载多波段多极化干涉 SAR 测图系统获取的遥感数据，结合实测的地面角反射器控制点信息，进行干涉参数定标实验，验证了定标方法的正确性和有效性。

本书的主要工作和贡献如下。

一是分析了机载 InSAR 获取地形数据过程中存在的各种误差源，并对其进行了误差分析。影响干涉精度的主要误差有基线误差、干涉相位误差、斜距误差以及载机飞行姿态误差。

二是由机载 InSAR 干涉测量的基本原理，构建了一种考虑多种干涉参数的参数定标模型，设计了相应的参数定标解算方法。在此基础上，为了适应机载 InSAR 系统大区域实用化测图应用需求，借鉴区域网平差理论，提出了一种机载 InSAR 区域网干涉参数定标方法，实现稀少控制点条件下求解机载 InSAR 系统干涉参数。

三是在 VC++ 开发平台下，通过计算机编程实现了区域网干涉参数定标的软件功能模块。主要包括单干涉像对参数定标功能模块和区域网参数定标功能模块。

四是在试验地区进行外业参数定标试验，设计了地面角反射器布设方案，并获取相应的试验数据。分别对基于单像对的干涉参数定标方法和基于区域网的参数定标方法开展了试验。试验验证了上述定标方法的正确性和有效性。

本书结合课题"高精度三维信息提取技术"，展开了机载干涉参数误差分析、定标飞行设计、区域网干涉参数定标等内容的研究。第一章对 InSAR 作了介绍。第二章开展了机载 InSAR 干涉测量理论基础的阐述，主要介绍了机载 InSAR 干涉测量获取 DEM 的基本原理、机载 InSAR 系统的干涉参数误差源、对机载 InSAR 系统参数进行误差分析以及机载 InSAR 干涉测量常用的几个坐标系。第三章首先介绍了高精度 POS 数据的预处理，然后开展了机载 InSAR 干涉参数定标模型和算法的研究，介绍了基于单干涉像对的干涉参数定标方法，在此基础上，借鉴区域网平差的方法，建立了区域网平差机载 InSAR 干涉参数定标方法。第四章进行了试验和结果分析，首先介绍了机载 InSAR 系统飞行试验的情况，并对飞行试验航线设计和定标设计进行了简单介绍，然后分别对基于单干涉像对的干涉参数定标方法和机载 InSAR 区域网平差干涉参数定标方法进行了试验验证，并且进行了精度评定，最后分析总结了试验的结果。最后一章对本书的研究工作进行了总结，概述了本书的主要研究成果，提出了今后需要进一步研究的问题。

本书的出版获得了山东省自然科学基金"山东省冬小麦关键物候期干旱时空特征及其对产量的影响（ZR2022QD081）"的经费资助。

机载 InSAR 区域网干涉参数定标研究有待进一步发展，微波遥感的应用有待进一步深入和拓展，著者团队期待本书的问世，有助于引发读者对该领域进行深入研究，促进我国遥感应用系统的高质量发展。本书的成稿，特别感谢中国测绘科学研究院提供的数据和技术支持。限于本书著者的学识水平，书中的内容和观点难免有不妥之处，欢迎读者不吝指正。

著　者

2024 年 3 月

目 录

1 绪论 ……………………………………………………………… 1

1.1 机载 InSAR 技术发展与特点 ………………………… 1

1.2 研究背景与意义 …………………………………………… 7

1.3 国内外研究现状 …………………………………………… 10

参考文献 …………………………………………………………… 16

2 机载干涉雷达测量理论基础 ………………………………… 23

2.1 机载 InSAR 测量基本原理 …………………………… 23

2.2 机载 InSAR 测量常用坐标系 ………………………… 30

2.3 InSAR 干涉参数与误差分析 ………………………… 33

参考文献 …………………………………………………………… 38

3 机载 InSAR 干涉参数定标 ………………………………… 41

3.1 概述 ………………………………………………………… 41

3.2 POS 导航数据 …………………………………………… 43

3.3 基于单干涉像对的干涉参数定标方法 ……………… 46

3.4 区域网的干涉参数定标方法 ………………………… 52

参考文献 …………………………………………………………… 57

4 试验与结果分析 …………………………………………………… 61

4.1 机载多波段多极化干涉 SAR 测图系统 …………… 61

4.2 机载 SAR 外业飞行试验 ……………………………… 65

4.3　基于单干涉像对的参数定标试验 …………………………… 69

4.4　区域网干涉参数定标试验 …………………………………… 77

参考文献 ……………………………………………………………… 89

5　总结与展望 …………………………………………………… 92

附图 ……………………………………………………………… 95

1 绪论

1.1 机载 InSAR 技术发展与特点

微波遥感以其全天时、全天候的工作能力越来越被重视。合成孔径雷达（Synthetic Aperture Radar，SAR）系统是目前应用比较广泛的一种雷达系统。相较于光学遥感影像，SAR 具有无可替代的优势。SAR 可以在光学遥感无法获取数据的云雾、雨雪情况下作业，获取清晰的影像数据，对其进行解译，可以实现常年云雾或多雨地区的环境信息定期的、快速准确的更新。另外，SAR 在军事上也有很好的应用，如战场环境的监测，利用 SAR 数据信息提取技术，可以对战场环境中某些感兴趣的地物进行实时标识，以便选择有利的作战路线和地形。

合成孔径雷达干涉测量（Interferometric Synthetic Aperture Radar，InSAR）技术是利用雷达信号的相位信息提取地表三维信息的一项高新技术，由于其具有主动式、全天候、全天时获取高精度地面三维信息的能力（图 1-1），使其成为当前发展迅速、极具潜力的遥感对地观测重要技术。

InSAR 技术具有以下显著优势。

一是 InSAR 技术提取的 DEM 具有高精度、快速和大面积的特点。InSAR 技术无论是获取 DEM 还是测量地表形变都具有很高的精度。2000 年，美国奋进号航天飞机仅用十几天就完成了全球的地形

图 1-1　InSAR 获取地表三维信息示意图

测绘任务，表现出 InSAR 技术的独特优势。

二是 InSAR 技术具有极强的应急保障能力。InSAR 在火山及地震灾害、滑坡和泥石流等方面都具有极强的应急保障能力。2011年，日本"3·11"地震发生后，日本宇航局 JAXA 利用 3 月 15 日雷达观测结果与 2010 年 10 月 8 日获得的雷达观测结果形成干涉对，获得良好的干涉效果。此外，欧洲航天局（European Space Agency，ESA，简称欧空局）的 Envisat 卫星在本次地震中发挥极为重要的作用，该卫星得到覆盖大部分"3·11"地震灾区的高质量观测结果，对于地震发生状况的分析极为重要。2023 年 2 月 6 日土耳其发生7.8 级地震，造成严重人员伤亡和财产损失，为了获取本次地震的同震形变场，我国国家国防科技工业局、自然资源部国土卫星遥感应用中心、应急管理部国家自然灾害防治研究院调用国产陆地探测一号 01 组卫星于 2023 年 2 月 10 日获取了震后合成孔径雷达（SAR）图像，经过与震前 SAR 图像（2022 年 4 月 11 日）进行差分干涉处理，得到了两次强震的同震形变场（图1-2）。我国陆地探测一号01组卫星 InSAR 形变结果准确地刻画了本次地震的破坏程度，为震后救援提供了重要的数据支撑。

图1-2　2023年土耳其地震同震形变干涉图

机载 SAR 系统具有高精度、高分辨率、实时获取、灵活机动等特点，世界一些主要国家都在开展大量的机载 SAR 试验和应用研究。第二次世界大战期间，地面雷达系统得到发展并主要用于恶劣环境下军事目标如飞机和轮船的探测方面。后来雷达系统装载到飞机上，发展成为真实孔径成像雷达系统（Real Aperture Radar，RAR），但其沿飞行方向的影像分辨率很低。1951 年，美国人 Carl Wiley 首次发现了多普勒频移现象能用来逻辑地合成一个更大的雷达孔径，可显著地改善 RAR 方位向分辨率，从而真正满足遥感观测的基本要求。1961 年，第一个合成孔径雷达成像系统由美国密歇根大学和一些公司研制成型。1969 年，在探测金星和月球表面地形的研究中引入干涉合成孔径雷达（InSAR）技术。1974 年，美国 NASA/JPL 的 Graham 等首次提出利用 InSAR 技术进行测绘制图的技术。

1986 年，经过 Zebker 和 Goldstein 的改进，InSAR 技术真正实现了雷达干涉测量技术的数字化，并利用该技术产生出数字高程模型。2000 年，美国发射的"奋进号"航天飞机，利用雷达干涉测量技术，成功获取了大量的 InSAR 数据，并生成了覆盖陆地表面的数字高程模型。近二三十年来，随着计算机技术、微电子技术以及微波技术发展，星载和机载 SAR 技术得到了快速发展。

在星载 InSAR 方面，欧空局于 1991 年成功发射 C 波段的欧洲遥感卫星-1（European Remote Sensing Satellites，ERS），该卫星能精确地定位轨道参数，大部分数据可实现干涉测量。1995 年，ERS-2 发射升空，对于同时利用 ERS-1 和 ERS-2 组成双星干涉测量模式进行干涉数据处理成为可能，使干涉测量重访周期更短，有效促进干涉测量技术的发展。1994 年，航天飞机成像雷达 – C/X – SAR（Shuttle Imaging Radar，SIR）共飞行两次，其中第一次提供 X、C 和 L 波段的干涉数据，第二次提供全极化方式的 C 波段和 L 波段数据。2000 年，美国实施雷达地形测绘任务（Shuttle Radar Topography Mission，SRTM），采用在航天飞机上安装双天线雷达干涉方法，对陆表近 80% 地区进行干涉成像，获取 DEM 数据，实现全球 DEM 的构建。德国雷达遥感卫星 TerraSAR-X 于 2007 年成功发射，2010 年 TerraSAR-X 的另一颗卫星 TanDEM-X 升空，其特点是基线关系明确和时间同步，能快速、大范围地提取高精度全球 DEM 数据。

在机载 InSAR 方面，1990 年，加拿大遥感中心（Canadian Centre for Remote Sensing，CCRS）研制了 C/X-SAR 系统，对机载重复轨道干涉测量模式进行试验分析，试验结果表明该系统可以提取 DEM 和地表形变。1991 年，美国 NASA 在机载 SAR 系统上配置有全球导航定位系统（Global Position System，GPS），并进行了大量测图生产试验，验证了机载 SAR 系统可以获取较高精度的高程信息。

国外主要的机载 SAR 系统包括加拿大的 C/X - SAR 和 AeS - 1、Intermap 公司的 IFSAR 系统 STAR 3i，德国的 DO-SAR 和 E/F-SAR，美国的 AIRSAR 和 TOP-SAR、P3-SAR，EarthData 公司的 GeoSAR，丹麦 DCRS 的 EMISAR，日本 NASDA-CRL 的 PISAR，法国 ONERA 的 RAMSES，巴西的 OrbiSAR。表 1-1 列举了国际上先进的机载 SAR 遥感应用系统，这些系统大多采用功能模块化设计，可以实现干涉测量多频率和高分辨率等多种组合模式获取数据，拥有比较高效的商业运行能力，在灾害监测、地质调查、测绘制图、农林资源管理、海洋资源管理等领域得到了广泛应用。

表 1-1 国际上先进的机载 SAR 遥感应用系统

系统名称	机构	载机	波段	极化	干涉能力
AES1	InterMap（德国）	GulfStream Commander 	X	全极化	双天线
AIRSAR	NASA/JPL（美国）	DC8 	P、L、C	全极化	多基线
AuSAR	D. S. T. O（澳大利亚）	KingAir350 	X	全极化	双航过
DOSAR	EADS（德国）	G222 	S、X、C、Ka	全极化	双天线

（续表）

系统名称	机构	载机	波段	极化	干涉能力
ESAR	DLR（德国）	DO228 	P、L、S、C、X	全极化	双天线
EMISAR	DCRS（丹麦）	G3 	L、C	全极化	具备
MEMPHIS	FGAN（德国）	Transal C160 	Ka、W、X	全极化	具备
STORM	UVSQ/CETP（法国）	Merlin Ⅳ 	C	全极化	具备
PHARUS	TNO-FEL（荷兰）	Citation Ⅱ 	C	全极化	具备
PISAR	NASDA/CRL（日本）	GulfStream 	L、X	全极化	具备
RAMSES	ONERA（法国）	Transal C160 	P、L、W、Ku、Ka、S、C、X	全极化	具备

（续表）

系统名称	机构	载机	波段	极化	干涉能力
SAR580	Environment（加拿大）	Convair CV-580	C、X	全极化	具备

在国内，1976 年，中国科学院电子学研究所研制成功第一台国产机载合成孔径雷达。1987 年，为了配合星载 SAR 技术的研究及其后期使用，研制了 L 波段多条带多极化机载 SAR 系统——L-SAR 系统。2010 年，机载多波段多极化干涉 SAR 测图系统——CASMSAR 系统由中国测绘科学研究院牵头，并联合多家高校和科研院所研制，其装载有单极化方式的 X 波段双天线 SAR 传感器和全极化方式的 P 波段单天线 SAR 传感器。CASMSAR 系统有效应用于国家西部地形图空白区测图工程，在稀少控制点区和地形复杂地区获取高精度的地形图及 DEM 成果。

目前的机载 SAR 系统大都是民用或军事应用，大比例尺、高分辨率，多波段、多极化、多视角、高性能是世界各国机载雷达系统的发展方向。

1.2 研究背景与意义

数字高程模型（DEM）作为一种基础地理信息产品在各个学科领域得到了广泛应用，为国家经济建设和国防建设提供了数据保证。随着经济社会的快速发展，对 DEM 的精度和更新速度提出了迫切的要求。此外，我国要实现"走出去"，拓展我国战略发展空间，掌据全球资源布局和全球社会经济状况，就必须提供全球地理信息作为保障。"新丝绸之路经济带"和"21 世纪海上丝绸之路"也迫切需要全球空间地理信息的支撑。目前，美国、日本、德国等都有全球的地理空间数据，而中国几乎没有全球地理空间数据产品，因此，生产全球的 DEM 已经成为一项紧急的任务。

1.2.1　合成孔径雷达干涉测量优势

DEM 数据获取的主要方式有地面测量、已有地形图数字化、GPS 测量、摄影测量、立体遥感、干涉雷达。地面测量、已有地形图数字化等传统 DEM 获取方式都无法兼顾精度和更新速度两个方面。GPS 测量的方式只适用于小范围。立体遥感和光学摄影测量的 DEM 获取方法虽然可以快速获取全国乃至全球范围内的数据采集，但是两种方法受天气的影响非常严重，给热带地区和常年阴雨地区地形测绘带来严重的影响。而合成孔径雷达干涉测量（InSAR）使用了微波波段，与传统测绘以及可见光近红外相比，具有以下优势。

（1）全天时、全天候的数据获取能力

合成孔径雷达主要采用波长较长的微波波段，该波段受大气成分散射的影响较小，此外，SAR 以主动方式成像，可以主动发射电磁波并接收目标的回波信号，因此 SAR 系统可昼夜成像，具有全天时的特点；传统光学遥感常常受到云覆盖的影响，但 SAR 可以穿透云雾，具有全天候的优点。这种优势可以弥补传统光学遥感成像方式在时空受到制约而造成的不足，使其不论在云雨覆盖的热带区域，还是硝烟弥漫的战场甚至条件严酷的极地，都可以获得高质量的影像，与光学成像技术形成互补，已经成为解决我国西南常年多云多雨地区、西部无图地区和境外地区快速地形测绘和更新的重要手段。

（2）具有一定的穿透能力

SAR 使用的波段一般波长较长，对森林、植被等地面附着物有一定的穿透能力。利用 SAR 可以获取植被以下地貌的真实信息甚至具备探测地表以下结构信息的能力。

利用 InSAR 技术快速获取高精度数字高程模型（DEM）是目前机载 InSAR 应用研究的重点方向之一。InSAR 获取 DEM 的基本原理是通过单轨道双天线模式和单天线重复轨道模式，来获取同一地区具有一定视角差的两幅具有相干性的单视复数（Single Look Complex，SLC）SAR 图像，并根据其干涉相位信息来提取地表的高程信息及重建 DEM。

机载 InSAR 获取 DEM 的过程中，存在各种系统参数误差，这些参数主要包括基线长度、基线水平角、系统时间延迟、初始斜距、相位偏差等，系统参数误差的存在，直接降低了 DEM 的精度。试验研究表明，机载 InSAR 系统的干涉参数误差影响测量精度，系统参数定标的技术水平直接影响了测量精度。InSAR 数据如果没有经过参数定标，不仅影响系统的测量精度，甚至会造成误差较大的测量结果。为了获取高精度的 DEM，对机载 InSAR 测图系统的参数误差进行校正（参数定标）是获得高精度 DEM 的关键技术之一。

1.2.2　大面积测图应用的 InSAR 局限性

传统的基于单张像片的机载 InSAR 干涉参数定标方法可以进行精确的参数定标处理，但在机载 InSAR 系统实用化大区域测图应用中，这种定标方法有一定的局限性，存在以下主要问题。

一是该方法在大面积测图应用中，需要对各套干涉数据单独进行干涉参数定标，每套干涉数据图幅范围内分布均匀的地面控制点，因此，整个大面积区域需要获取大量、分布均匀的地面控制点。

二是大面积测图应用中，由于干涉参数定标误差的存在，不同干涉数据在重叠区域反演的同名点高程值不同。

我国西部地区横断山脉、昆仑山脉、塔克拉玛干沙漠位于其中，西南部地区常年多阴雨云雾致使光学成像困难。在一些高寒荒漠地区，人迹罕至，地表特征不明显，野外作业非常困难。国家测绘地理信息局（2018 年已将其职责整合到自然资源部）西部测图工程项目运用机载 SAR 系统对我国西部测图困难地区进行测绘，获得了大量的机载干涉 SAR 数据，为了有效进行大区域干涉 SAR 数据参数定标，提高干涉参数定标性能，减低不同干涉数据重叠区域反演高程值差异，促进国产机载双天线 InSAR 系统大面积测图应用的实用化，本书研究了基于区域网平差理论的机载双天线 InSAR 系统干涉参数定标方法。

1.3 国内外研究现状

随着 InSAR 技术的发展，机载 InSAR 技术已经成功应用到地形测绘、国土资源管理、农业海洋资源管理等方面，作为机载 InSAR 的关键技术之一的干涉参数定标技术也受到人们越来越多的关注和重视。

1.3.1 SAR 应用研究现状

合成孔径雷达（SAR）的原理是通过将一个短的真实天线不断移动，从而合成等效的较大长度虚拟天线，让更多的无线电磁波穿过孔径，使其在获取高分辨率雷达影像的同时达到减小雷达体积的目的（郭华东等，2019）。随着 Seasat-A 卫星的成功发射，1978 年，人类首次获取了地表星载 SAR 影像，并应用此卫星数据，成功实现了美国加利福尼亚河谷的地形信息的提取（Garbriel et al.，1989）。随着对星载 SAR 数据应用领域的不断扩展和算法研究的不断深入，SAR 卫星的巨大潜力被逐渐发掘和发现。为了更快速地获取新鲜数据，欧洲、日本、德国、意大利等国家在 20 世纪相继发射了不同极化方式、不同波段的 SAR 卫星（高洪涛等，2009）。21 世纪以来，中国、韩国、印度等国家也发射了各自的 SAR 卫星，多波段和多极化方式的 SAR 影像进一步促进了 SAR 技术的完善和应用领域的扩展（姜秀鹏等，2016）。在农林监测领域，可根据介电常数和形态的差异，进行作物的分类，获取植被的株高、覆盖面积和含水量等信息（Fu et al.，2017；Erinjery et al.，2018；Zan and Gomba，2018）；在冰雪监测领域，可根据后向散射变化，识别雪冰消融边界，回溯冰雪消融过程，分析雪冰变化规律（Chouksey et al.，2021；Husman et al.，2021）；在海洋监测领域，可根据形态和反射强度差异，进行海上船舶识别和分类，也可进行海浪观测及近浅海水下地形等多种信息的提取（Sun et al.，2018；Vasavi et al.，2021）；在地质勘探领域，可根据多极化 SAR 数据实现地质分类、构造解释、提取地面高程及地表形变变化等信息（Fujiwara et al.，2017；Kobayashi et al.，2018；Bai et al.，2021；Garg et al.，2021）。

1.3.2　InSAR 技术研究现状

InSAR 技术经过多年发展，已经在众多方向取得可喜的研究成果并在实际生产中得到广泛应用，逐渐表现出其巨大的潜力和强大的优势。可应用于海洋监测、地震探测、火山灾害监测、滑坡和泥石流监测、冰川变形、冰川流速、地面沉降、DEM 重建等。其中获取 DEM 是目前 InSAR 技术的主要应用之一。

在"杨氏双缝干涉实验"的启发下，合成孔径雷达干涉测量逐渐发展起来。美国 Goodyear 宇航中心的 Carl Wiley（1951）最先提出了 InSAR 技术并于 1969 年首次将该技术应用到金星表面的测量。Zisk（1972）将 InSAR 技术用于月球表面地形的测量。Goldstein 和 Zebker（1986）利用机载 InSAR 数据得到了高程精度为 2~10m 的旧金山金门大桥地区的三维地形图，证明了 InSAR 具有获取高精度地形信息的能力。Goldstein 等（1988）提出了经典的相位解缠算法——枝切法。欧洲航天局分别于 1991 年和 1995 年发射用于研究海洋、海冰和地质的卫星 ERS-1 和 ERS-2。两颗卫星可以进行干涉测量并在冰岛 Vatnojöküll 火山爆发和 1999 年 zmit 地震监测中发挥了重要的作用，广泛应用于滑坡监测、风场观测、海冰覆盖和移动监测、农业、森林开伐监测、地震和火山变形监测。1995 年，加拿大航天局成功发射 Radarsat 卫星，为开展 InSAR 技术的研究与应用提供了大量珍贵的数据。2000 年，美国 SRTM 得到的产品可以免费获取，对全球各个国家的科学研究和生产实践产生了重大而深远的意义。Hubig 等（2004）提出了经典的最小费用流解缠算法，促进了相位解缠的发展。2007 年，德国空间中心发射了第一颗高分辨率雷达卫星 TerraSAR-X，随后构成了编队模式 TanDEM-X 系统（Terra-SAR-X-Add-on for Digital Elevation Measurements），已经用于高精度的地面高程测量。2012 年，TanDEM-X 系统已经完成了编队飞行的第一次全球地表测绘。"十一五"期间，中国测绘科学研究院成功将 InSAR 技术应用于国家西部 1∶50 000 地形空白区测图工程。吴宏安等（2010）研究利用 ALOS/PALSAR 轨道参数进行去平地效应的方法，很好地解决了稀疏卫星状态参数下平地相位的估计问题。薛继群等（2011）研究高斯加权圆周期干涉图滤波方法，该方法有效保留边缘信息的同时还具有很好的相位保持的能力。王青松等

（2012）提出一种快速并且高精度的 DEM 重建算法，该算法可以明显减少运算量，并且对产品的精度也有很好的保持效果，对于全球测绘大数据处理具有重要意义。Jose Claudio Mura 等（2012）提出基于相位偏差函数的相位偏差估计方法。该方法不需要角反射器，大大节省了成本。花奋奋等（2014）利用 SIFT 算法和解析搜索法进行粗配准与精配准，对机载重轨 InSAR 数据进行配准试验，取得了良好的效果。Dipartimento di Ingegneria 等（2014）针对城市地区高程变化不连续、存在相位噪声等问题，提出利用扩展卡尔曼滤波进行相位解缠的方法，成功实现城市地区 DEM 生成。Stefano Perna 等（2015）研究利用低精度 DEM 计算机载 InSAR 生成 DEM 相位偏差的方法，取得了较为理想的效果。Liu 等（2018）结合 ALOS、ERS-1 和 Radarsat-2 多源 SAR 数据，采用相干点目标法，对山西太原地区进行了地表二维形变量的获取，有效地识别出由地下水引起的沉降。赵宝强等（2019）通过将永久散射体和小基线集两种时序 InSAR 技术结合的方式，分析了其在大型滑坡监测中的应用，并在青海省高家湾滑坡进行了监测和验证。

1.3.3 InSAR 系统定标研究现状

在干涉定标的研究中，Geudtner 等（1999）通过分析影响高程值生成的干涉参数误差源，应用敏感度方程处理，建立了定标系统与干涉系统参数误差之间的关系，提出了基于干涉参数敏感度模型的干涉定标方法，以后的参数定标方法大都基于这一思路。Chapin 等（2001）对 Geo-SAR 系统，建立了敏感度方程干涉参数误差和干涉高程测量误差之间的关系，求解方程组对干涉参数误差进行估算，达到利用参数估算值对干涉参数进行校正的目的。Mallorqi 等（2000）首先从干涉测量几何关系的基本原理出发，推导斜视条件下的干涉测量敏感度方程，运用误差分析确立了干涉参数定标所要校正的主要系统参数，运用矩阵运算方法证明了合理布设角反射器的必要性。J. Dall（2003）提出 Cross-Calibration，选取两幅有重叠区域的 SAR 图像重叠区域的特征目标点进行定标，可以实现把天然目标点作为定标点使用，定标后获取的是相对地形高程，可以只通过一个地面控制点来进行校正。德国宇航中心为 TerraSAR-X 卫星配备了 DARC（Digitally controlled Active SAR system Calibrator），它采取主动回复工作模式，进一步提高了定标精度。

在国内，王彦平（2003）在干涉定标理论的基础上，通过分析定标模型，根据球面波和平面波的传播对干涉定标模型的影响，改进了三维视向量条件下定标数学模型，通过分析敏感度方程，给出了矩阵约束条件，并设计了地面角反射器的优化布放算法，提出了地面角反射器的布放规则。张薇等（2008）通过研究敏感度矩阵的条件数，引入了线性方程组求解中的矩阵条件数的应用，提出利用条件数对干涉性能进行分析。李品（2008）对 InSAR 系统的定标进行了研究，在单干涉平台的干涉定标方法研究中，提出了基于差分的敏感度模型和基于权重的敏感度模型。引入搜索模型建立系统参数误差与定标准则之间的关系，有效解决了干涉定标算法可能存在的收敛不稳定和病态敏感度矩阵求逆问题，利用全局自适应概率搜索算法对 InSAR 系统参数误差向量进行搜索求解，提出了基于混合策略的干涉定标方法。靳国旺等（2010）构建一种基于干涉相位偏置、基线长度和基线水平角的干涉定标新模型，进行干涉参数定标实验。汪金华等（2010）提出利用遗传算法的干涉几何定标算法。胡继伟等（2011）提出大区域稀少控制条件下的机载干涉区域网联合定标方法。木林（2011）验证干涉基线几何精度与斜距差的几何精度是同等数量级。胡继伟等（2012）提出对 SAR 图像进行配准自动获取高程连接点，并对连接点质量进行筛选。毛永飞等（2013）在平面几何参数定标基础上，提出三维联合定位算法，从干涉相位校正本身出发，获取目标点的平面和高程信息。云烨（2014）提出一种基于参考 DEM 的干涉定标新方法。王萌萌（2014）提出结合永久散射体（Permanent Scatters）技术的机载 SAR 系统联合干涉参数定标新方法，并进行相关试验。

1.3.4　SAR 影像区域网平差研究现状

在国外，Hutton 和 Cloutier（2000）利用 ERS-1 数据进行区域网平差试验，力求降低控制点的数量。Belgucd（2000）对区域内多个传感器获取的雷达影像进行联合平差研究。Toutin（2003）对 SAR 影像轨道精化处理以及如何降低对控制点的需求，进行区域网平差试验。在国内，朱彩英（2003）将 GPS 定位信息应用于有约束限制的 SAR 影像地理定位方法中。黄国满（2004）借鉴摄影测量中高差投影差改正思想，将这一思想应用到 SAR 多项式几何校正和 DEM 提取等方面，2008 年在利用 SAR 影像多项式正射纠正模型基础上，提出适用于大区域稀少控制点的机载 SAR 影像区域网平差模型，取得比较满意的结果。2009 年，岳昔娟等（2009）在机载 SAR 区域网平差方法的研究中，提出了基于投影差改正的多项式法和基于 F. Leberl 构像模型的多片联合方法。程春泉（2010）提出了基于距离-共面方程的机载 SAR 区域网平差方法。靳国旺（2010）为了大面积测图应用，考虑稀少控制点条件下的干涉参数（包括基线参数、干涉相位偏差）定标问题，提出了基于区域网平差的干涉参数定标方案，对多航带的干涉数据进行实验，取得了较好的结果，验证了该方案的可行性。王宁娜等（2011）提出利用机载 InSAR 数据构建斜距独立模型法 DEM 区域网平差方法，解算多个单元模型定向参数和加密点坐标。王萌萌（2014）利用机载 InSAR 系统获取的干涉数据，进行干涉几何参数联合定标方法，并与传统方法进行了比较。花奋奋（2014）提出一种利用多基线干涉 SAR 数据系统几何参数定标新方法，并利用区域网平差获得精度较高的系统几何参数。岳昔娟等（2015）利用机载 InSAR 三维定位模型，建立并实现区域网平差误差解算模型。

目前，区域网平差相关研究多集中在方法论述、模型建立、参数选定、解算效率及鲁棒性等方面，为本书研究提供坚实的理论基础和技术积累。因此，本书将成像区域的多个单元模型利用区域网连接点关联起来，进行联合处理，充分利用区域网中包含的同名连接点观测信息，建立机载 InSAR 区域网平差模型，是目前 InSAR 地形测绘领域需要解决的关键技术难题之一。中国测绘科学研究院牵头研制的机载多波段多极化干涉 SAR 测图系统作为"十一五"重大测绘科技专项，多次进行了飞行试验及系统定标试验，获得了大量机载 SAR 数据，为机载 InSAR 区域网平差的研究提供了丰富的数据支持。

参考文献

程春泉，2010. 多源异构遥感影像联合定位模型研究［D］. 徐州：中国矿业大学.

高洪涛，陈虎，刘晖，等，2009. 国外对地观测卫星技术发展［J］. 航天器工程，18（3）：84-92.

郭华东，等，2000. 雷达对地观测理论与应用［M］. 北京：科学出版社.

郭华东，张露，2019. 雷达遥感六十年：四个阶段的发展 [J].
　　遥感学报，23（6）：1023-1035.

何钰，2005. SAR 图像区域网数字空中三角测量 [D]. 郑州：
　　中国人民解放军战略支援部队信息工程大学.

黄国满，岳昔娟，赵争，等，2008. 基于多项式正射纠正模型
　　的机载 SAR 影像区域网平差 [J]. 武汉大学学报（信息科学
　　版），33（6）：569-572.

黄国满，张继贤，赵争，等，2008. 机载干涉 SAR 测绘制图应
　　用系统研究 [J]. 测绘学报，37（3）：277-279.

姜秀鹏，常新亚，姚芳，等，2016. 合成孔径雷达小型卫星进
　　展 [J]. 空间电子技术（1）：77-82.

靳国旺，2007. InSAR 获取高精度 DEM 关键技术研究 [D]. 郑
　　州：中国人民解放军战略支援部队信息工程大学.

靳国旺，2010. InSAR 地形测绘若干问题研究 [D]. 北京：中国
　　科学院电子学研究所.

李德仁，周月琴，马洪超，2000. 卫星雷达干涉测量原理与应
　　用 [J]. 测绘科学，25（1）：9-12.

李品，2008. InSAR 系统的定标方法研究 [D]. 合肥：中国科学
　　技术大学.

李平湘，杨杰，2006. 雷达干涉测量原理与应用 [M]. 北京：
　　科学出版社.

刘国祥，丁晓利，李志林，等，2001. 使用 InSAR 建立 DEM 的
　　试验研究 [J]. 测绘学报，30（4）：336-342.

庞蕾，2006. 高分辨率机载合成孔径雷达空中三角测量方法的
　　研究 [D]. 青岛：山东科技大学.

王超，张红，刘智，2000. 星载合成孔径雷达干涉测量 [M].

北京：科学出版社.

王彦平，2004. 机载干涉 SAR 定标模型与算法研究 [D]. 北京：中国科学院电子学研究所.

王彦平，彭海良，云日升，2004. 机载干涉合成孔径雷达定标中的定标器布放 [J]. 电子与信息学报，26（1）：89-94.

袁修孝，朱武，武军郦，等，2004. 无地面控制 GPS 辅助光束法区域网平差 [J]. 武汉大学学报（信息科学版），29（10）：852-857.

岳昔娟，2009. 稀少控制条件下机载 SAR 高精度定位技术研究 [D]. 武汉：武汉大学.

张继贤，杨明辉，黄国满，2004. 机载合成孔径雷达技术在地形测绘中的应用及其进展 [J]. 测绘科学，29（6）：24-26.

张薇，等，2008. 基于正侧视模型的机载双天线干涉 SAR 外定标方法 [J]. 遥感技术与应用，23（3）：346-350.

A. M. GUAMIERI，2002. SAR interferometry and statistical topography [J]. IEEE Transactions on Geoscience and Remote Sensing，40（12）：2567-2581.

D. GEUDTNER，M. ZINK，1999. Interferometric calibration of the X-SAR system on the shuttle radar topography mission（SRTM/X-SAR）[R]. The 4th International Airborne Remote Sensing Conference and Exhibition 21th，Canadian Symposium on Remote Sensing，Ottawa，Canada.

E. CHAPIN，S. HENSLEY，T. R. MICHEL，2001. Calibration of an Across Track Interferometric P-band SAR [C]. IEEE 2001 International Geoscience and Remote Sensing Symposium：1. Sydney：Institute of Electrical and Electronics Engineers.

EINEDER M, R. BAMLER, N. ADAM, et al., 2000. Steinbrecher: SRTM/X-SAR Interfero, etric Processing-First Results [C]. EU-SAR 2000, 34 European Conference on Synthetic Aperture Radar. Munich, Germany.

ERINJERY J J, MEWA S, RAFI K, 2018. Mapping and assessment of vegetation types in the tropical rainforests of the Western Ghats using multispectral Sentinel-2 and SAR Sentinel-1 satellite imagery [J]. Remote Sensing of Environment, 216: 345-354.

FU B, WANG Y, CAMPBELL A, et al., 2017. Comparison of object-based and pixel-based Random Forest algorithm for wetland vegetation mapping using high spatial resolution GF-1 and SAR data [J]. Ecological Indicators, 73: 105-117.

GARG R, KUMAR A, PRATEEK M, et al., 2021. Land Cover Classification of Spaceborne Multifrequency SAR and Optical Multispectral Data using Machine Learning [J]. Advances in Space Research (3): 1-17.

GHORBANZADEH O, BLASCHKE T, GHOLAMNIA K, et al., 2019. Evaluation of Different Machine Learning Methods and Deep-Learning Convolutional Neural Networks for Landslide Detection [J]. Remote Sensing, 11 (196): 1-21.

GRAY A L, FARRIS-MANNING P J, 1993. Repeat-pass interferometry with airbore synthetic aperture radar [J]. Geoscience and Remote Sensing, IEEE Transactions on, 31 (1): 180-191.

H. A. ZEBKER, R. M. GOLDSTEIN, 1986. Topographic mapping from interferometry synthetic aperture radar observations [J].

Journal of Geophysical Research, 91: 4993-4999.

J. DALL, 2003. Cross-calibration of interferometric SAR data [J]. IEE Proe. on Radar, Sonar, Nav19, 150 (3): 177-183.

J. DALL, E. L. CHRISTENSEN, 2002. Interferometric calibration with natural distributed targets [R]. Proeeedings of the IEEE 2002 IGRASS, Toronto, Canada.

JIXIAN ZHANG, SHUCHENG YANG, ZHEGN ZHAO, et al., 2010. SAR Mapping Technology and its Application in Difficult Terrain area [J]. IGARSS, 12 (2): 3480-3482.

J. J. MALLORQI, M. BARA, A. BROQUETAS, 2000. Calibration requirements for airborne SAR interferometry [J]. Proceedings of the SPIE, International Society for Optical Engineering, 4173: 267-278.

J. J. MALLORQI, M. BARA, A. BROQUETAS, 2000. Sensitivity equation and calibration requrirements on airborne interferometry [C]. Proceedings of the IEEE IGRASS 2000. Hawaii, USA: IEEE Press.

KRIEGER G, MOREIRA A, FIEDLER H, et al., 2007. TanDEM-X: A satellite formation for high-resolution SAR inter-ferometry [J]. Geoscience and Remote Sensing, IEEE Transac-tions on, 45 (11): 3317-3341.

L. C. GRAHAM, 1974. Synthetic interferometer radar for topographic mapping [J]. Proceedings of the IEEE, 62 (6): 763-768.

LIU Y, ZHAO C, ZHANG Q, et al., 2018. Complex surface de-formation monitoring and mechanism inversion over Qingxu - Jiaocheng, China with multi-sensor SAR images [J]. Journal of

Geodynamics, 114: 41-52.

O. MORA, F. PEREZ, V. PALA, et al., 2003. Development of a multiple adjustment processor for generation of DEMs over large areas using SAR data [C]. IEEE Transactions on Geoscience and Remote Sensing.

PRATI C, ROCCA F, 1994. ERS - 1 SAR Interferometric Techniques and Applications: Tutorial for Microwave Sensors, Calibration and Data Processing [C] //ISPRS, Comm. I Symposium.

PRATS P, REIGBER A, MALLORQUI J J. 2005. Retrieval of high-quality interferometric SAR products with airbore repeat-pass systems [C] //INTERNATIONAL GEOSCIENCE AND REMOTE SENSING SYMPOSIUM.

RICCARDO LANARI, GIANFRANCO FORNARO, DANIELE RICCIO, et al., 1996. Generation of Digital Elevation Models by Using SIR-C/X-SAR multifrequency Two-Pass Interferometry: The Etna Case Study [J]. IEEE Transactions on Geoscience and Remote Sensing, 34 (5): 1097-1114.

S. N. MADSEN, H. A. ZEBKER, J. MARTIN, 1993. Topographic mapping using radar interferometry: Proeessing techniques [J]. IEEE Transactions on Geoscience and Remote Sensing, 31 (1): 246-256.

VASAVI S, DIVYA CH, SARMA A, 2021. Detection of solitary ocean internal waves from SAR images by using U-Net and KDV solver technique [J]. Global Transitions Proceedings, 2 (2): 145-151.

ZEBKER H A, GOLDSTEIN R M, 1986. Topographic Mapping from Interferometry Synthetic Aperture Radar Observation [J]. Journal of Geophysical Research: Solid Earth (1978-2012), 91 (B5): 4993-4999.

2 机载干涉雷达测量理论基础

干涉测量的概念和方法早在应用物理和光学中出现，也用于距离测量，通常是利用两个光源向一个目标发射相干光，根据两束相干光照射的相位差可以高精度地计算出目标的距离，雷达干涉测量的原理与此类似。本章首先对 InSAR 干涉测量技术的基本原理进行了介绍，接着详细介绍了机载 InSAR 主要的干涉参数，并对机载 InSAR 各干涉参数进行误差分析，为平差模型的确定提供理论支持。

2.1 机载 InSAR 测量基本原理

数字高程模型（DEM）包括平面位置和高程数据两种信息，可以利用大地测量的方法直接在野外通过测量仪器进行测量，也可以利用摄影测量的方法间接地在遥感影像得到。近年来，利用雷达影像数据获取 DEM 逐渐成为一个研究热点问题。利用雷达数据获取 DEM 有 3 种方法：阴影法、SAR 立体测图和干涉测量（InSAR）。

InSAR 是将由雷达影像复数据推导出的雷达信号的相位信息作为信息源，利用此相位信息获取地面三维信息的技术。InSAR 通过两幅天线同时观测（单轨模式），或两次平行观测（重复轨道模式），获取地面同一地物的复数影像对。由于目标与天线的几何关系，在复图像上产生相位差形成干涉条纹。对于机载 InSAR 而言，根据飞机高度、雷达波长、天线基线的几何关系以及雷达波束视向可以获得该地区的 DEM。

根据 InSAR 搭载平台的差异可以分为星载 InSAR 系统和机载 InSAR 系统，根据工作模式的不同可以划分为顺轨干涉测量和交轨干涉测量。顺轨干涉测量是指两幅天线形成的基线与飞行方向平行，获取 SAR 干涉测量数据的方式，该模式主要应用于海洋洋流观测和动目标检测。交轨干涉测量是指两幅天线形成的基线与平台飞行方向垂直，获取 SAR 干涉测量数据的方式。交轨干涉测量模式又可分为单天线双航过模式和双（多）天线单航过模式。双（多）天线单航过模式是在 SAR 平台上安装两（多）副天线，其中一副天线向地面发射雷达信号，两（多）副天线同时接收地面同一目标的后向散射信号，从而得到对应地区的两（多）幅单视复图像。采用该方式可以同时获取主、辅图像，有效避免时间去相关的影响，因而主、辅图像的相关性更好，有利于后续的数据处理。机载 InSAR 系统和分布式卫星系统（如 TanDEM-X 系统）多采用此模式。单天线双航过模式是在 SAR 平台上安装一副天线，重复获取同一目标的回波信号，得到同一地区的两幅复图像。由于两次成像之间有一定时间间隔，受时间去相关和基线估计困难的影响，获取的数据之间相干性较差，星载 InSAR 系统（ERS1/ERS2）多采用这种模式。

2.1.1 机载 InSAR 测量基本原理

机载 InSAR 系统获取地面高程信息的基本原理是利用装载在飞机上具有干涉成像能力的两部 SAR 天线（或一部天线重复观测）来获取同一地区具有一定视角差的两幅具有相干性的单视复数（SLC）SAR 影像，利用其相位信息重建地面 DEM。机载双天线 InSAR 系统（单发双收模式）是在飞机上安置两部天线，其中一部天线向地面发射雷达波，两部天线同时接收地面的后向散射回波，从而得到相应地区的两幅 SLC 影像。

图 2-1 为机载 InSAR 获取 DEM 原理示意图。

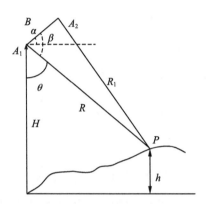

图 2-1　InSAR 获取 DEM 原理几何示意图

如图 2-1 所示，R、R_1 表示雷达两个天线对同一地面点 P 成像时天线中心到该点的斜距，ΔR 表示两斜距差值，B 为两天线之间的基线长度，即 A_1 和 A_2 之间的距离；α 为基线与水平方向的夹角；H 为天线 A_1 的高程；h 为地面点 P 的高程。

对于机载双天线 InSAR 系统而言，ΔR 与真实干涉相位差 $\Delta\phi$ 之间的关系为：

$$\Delta R = \frac{-\lambda\Delta\phi}{2\pi} \tag{2-1}$$

设 β 为基线 A_1A_2 与 A_1P 之间的夹角，则在三角形 A_1A_2P 中，由余弦定理可得

$$\cos\beta = \frac{R^2 + B^2 - R_1{}^2}{2RB} = -\frac{\Delta R}{B} + \frac{B}{2R} - \frac{\Delta R^2}{2RB} \tag{2-2}$$

则

$$\beta = \arccos\left(-\frac{\Delta R}{B} + \frac{B}{2R} - \frac{\Delta R^2}{2RB}\right) \qquad (2-3)$$

又

$$\theta = 90° + \alpha - \beta \qquad (2-4)$$

因此，地面点 P 的高程 h 为

$$h = H - R\cos\theta$$

$$= H - R\cos(90° + \alpha - \beta)$$

$$= H - R\cos\left[90° + \alpha - \arccos\left(-\frac{\Delta R}{B} + \frac{B}{2R} - \frac{\Delta R^2}{2RB}\right)\right]$$

$$(2-5)$$

由式（2-5）可以看出，地面点高程的计算与基线长度 B、双天线的相对定向角度（基线倾角）α 以及飞机的航高密切相关，必须在飞机上装载 GPS 接收机和惯性测量单元 IMU 用以精确确定载机平台的位置、姿态、速度，进一步确定基线参数值。

2.1.2 机载 InSAR 获取 DEM 技术流程

机载 InSAR 获取地面 DEM 技术流程主要包括：复影像配准、生成干涉图、去平地效应、干涉图滤波、相位解缠、干涉定标和 DEM 重建等。图 2-2 为 InSAR 获取地面 DEM 的技术流程图。

（1）复影像配准

影像配准是 InSAR 干涉处理的第一步，它的好坏直接影响生成干涉条纹的质量。对于双天线方式的干涉 SAR 系统，当 SLC 主辅影像精确配准后，它们的相位差图像会显现出条纹，条纹的变化代表地表地形信息，如果两幅影像没有精确配准，由它们产生的干涉条纹就会出现模糊现象，甚至不能生成条纹。因此，必须对 SLC 主辅影像进行亚像元级的匹配以得到高精度的干涉相位。

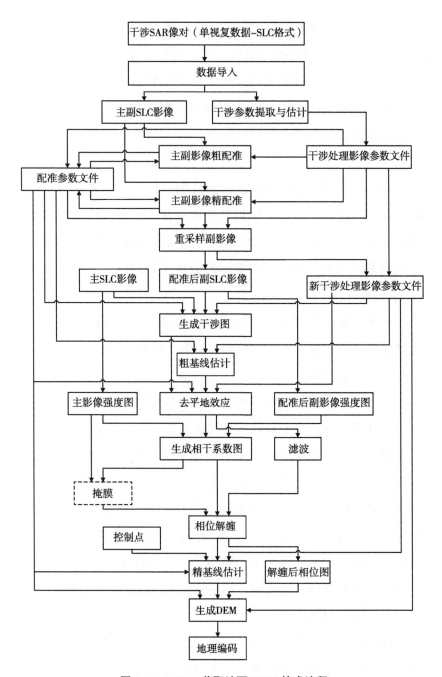

图 2-2 InSAR 获取地面 DEM 技术流程

InSAR 干涉处理影像配准的算法有很多，传统的 SAR 影像配准方法是利用 SAR 影像的统计信息，或利用 SAR 相位差图像的统计信息，通过内插和偏移操作实现。对于机载复影像的配准，考虑到复影像之间的偏移量较小，一般采用像元级配准、亚像元级配准和配准模型计算来实现复图像之间的配准。

（2）生成干涉图

影像配准完成后，InSAR 数据的处理过程就是生成高质量的干涉图，提取正确的干涉相位以供相位解缠使用。在连续信号和两幅影像成像理想的条件下，干涉图的生成是通过两幅复图像相应像元的复数值共轭相乘得到的。在实际的数据处理过程中，还需考虑重采样的问题。

一般把复数干涉图像相应像元共轭相乘所得复数的模称为干涉强度图，把所得复数干涉图像的相位称为干涉相位图。

（3）去平地效应

干涉相位图在提供为相位解缠之前，在单视复数影像相乘的结果基础上还要考虑消除平地效应，使得相位解缠更简单。

平地效应是指高度不变的平地引起干涉相位在距离向和方位向呈现周期性变化的现象。对于双天线的情况，平地效应使干涉相位呈现沿距离向周期分布的干涉条纹，一定程度上掩盖了地形起伏引起的干涉条纹变化。为了减小干涉图滤波和相位解缠工作的难度，需要进行平地效应干涉图去除。可以通过估算距离向和方位向占优势的条纹频率来计算平地效应，然后去除平地效应。

（4）干涉图滤波

干涉图的噪声来源有很多。一般来说，干涉条纹图中包含以下几个方面的噪声来源：系统噪声、地表变化、影像配准、基线去相关等。干涉图中存在大量的相位噪声，影响了干涉图的质量，增加了相位解缠工作的难度。

尽管噪声对于干涉相位图的影响都是类似的，但是各种不同来源的相位噪声的产生机理却不一样，需要选择不同的噪声滤除方法。生成干涉图后，一个重要的工作就是降低相位噪声，以提高后续相位解缠的精度和效率。由于干涉条纹在自身信号形式上的特殊性，一般的滤波方法不再适用，根据干涉图的自身特点采用具体的滤波方法。大量的噪声会形成许多残差点，增加了相位解缠的难度和精度，最终也会一定程度上降低产品的精度。然而干涉条纹图的相位在$-\pi$到π之间跳变，常规的滤波方法并不适用于干涉相位图，因此，对干涉相位图进行滤波处理时需要考虑相位跳变的影响。目前，常用的干涉图滤波方法主要包括空间域滤波中圆周期均值滤波算法、圆周期中值滤波算法、中值自适应滤波算法、条纹方向自适应滤波算法和矢量滤波算法等。频率域滤波主要包括小波域干涉相位滤波算法、谱平滑滤波算法、频谱加权滤波算法和主频率成分提取滤波算法等。

（5）相位解缠

由干涉得出的相位是以2π为模的不足一个周期内的相位差，它包含了$2n\pi$的模糊度，为了计算准确的地形高程，必须在相位测量值加上或减去$2n\pi$的相位周期，求解出真实的相位差值，这种求解2π模糊度的技术称为相位解缠。

二维相位解缠技术是InSAR干涉数据处理过程中最关键的步骤，相位解缠算法的精度和实用化直接关系InSAR技术的应用和发展。如果在没有噪声和其他干扰的条件下，提取相位的偏导数，通过简单的积分运算就可以反算出真实的相位差。由于机载SAR干涉数据广泛存在地形起伏较大引起的密集干涉条纹，各种原因引起的去相干现象在原始雷达回波信号处理过程中引入的相干噪声等，使相位解缠工作变得非常困难。

相位解缠算法一般分为两类：一类是基于路径积分的相位解缠算法；另一类是基于最小范数的相位解缠算法。根据机载 SAR 干涉图的特点，采用的相位解缠算法有枝切法和最小费用流法。

（6）干涉定标和 DEM 重建

InSAR 干涉处理中，从相位信息到高程信息的转换是重要的过程。利用解缠后的干涉相位计算地面点的高程之差，需要进行干涉参数的解算，主要的干涉参数有基线长度、基线倾角和初始斜距。InSAR 干涉参数定标是获取高精度干涉参数的重要手段之一，是 In-SAR 技术特有的一种方法，一般通过已知的地面控制点（Ground Control Point，GCP），结合高精度的飞行平台导航信息，引入一定的几何关系，解算相关的干涉参数。干涉参数定标的目的是把干涉参数误差降低至最低，从而保证获取高精度的干涉参数。

干涉定标获得的高精度的基线参数参与 DEM 的重建。附图 2-1 为 InSAR 干涉处理生成 DEM 的结果图。

2.2　机载 InSAR 测量常用坐标系

2.2.1　大地坐标系

大地坐标系是以参考椭球面作为基准面，以起始子午面和赤道面作为椭球面上确定某一点投影位置的两个参考面。空间中任一点的空间位置可用大地坐标（B, L, H）表示。

2.2.2　地理坐标系

地理坐标系也称导航坐标系、当地水平坐标系等。其原点在

IMU 传感器几何中心，参考椭球的子午圈方向、卯酉圈方向和法线方向为 3 个坐标轴方向，由于坐标轴选取顺序和指向的不同有东北天（NED）和北东地（NED）等多种形式，我国一般习惯于东北天（NED）系统。而要想将导航坐标系转换为地固坐标系要经过下面转换：

$$\begin{bmatrix} V_x & V_y & V_z \end{bmatrix} = \begin{bmatrix} \sin B \cos L & -\sin L & \cos B \cos L \\ -\sin B \sin L & \cos L & \cos B \sin L \\ \cos B & 0 & \sin L \end{bmatrix} \begin{bmatrix} nvel \\ evel \\ zvel \end{bmatrix}$$

$$(2-6)$$

2.2.3 载机坐标系和载机姿态角

坐标系原点位于载机几何中心，X 轴与载机飞行航向一致，Z 轴向上，XYZ 构成右手直角坐标系。IMU 陀螺测得的 3 个姿态角即为载体姿态的偏航（Yaw）、侧滚（Roll）、俯仰（Pitch），其中偏航角，是在水平面内，载体坐标系 X 轴与北方向之间的夹角，右偏为正；俯仰角（Pitch），即载体坐标系 X 轴与水平线的夹角，机头朝上为正；侧滚角（Roll），是载体坐标系 Y 轴与水平线的夹角，右翼朝下为正。

2.2.4 地心固定坐标系

坐标系原点位于参考椭球的中心，X 轴指向赤道与格林尼治子午线的交点，Y 轴指向赤道与 90° 子午线的交点，Z 轴过北极方向。

2.2.5 像平面坐标

像平面坐标 (i, j)，i 为横轴坐标，指向方位向；j 为纵轴坐标，指向距离向。

2.2.6　高斯平面直角坐标

高斯 – 克吕格（Gauss – Kruger）投影被称为等角横切椭圆柱投影，假设用一个椭圆柱横切于椭球面上投影带的中央子午线，将中央子午线两侧一定经差范围内的椭球面正形投影于椭圆柱面。将椭圆柱面沿过南北极的母线剪开展平，即为高斯投影平面。在投影面上，以中央子午线和赤道的交点为坐标原点，以中央子午线的投影为纵坐标轴 x，以赤道的投影为横坐标轴 y，构成高斯平面直角坐标系 (x, y)。我国 x 坐标都是正值，为避免 y 出现负值，在其坐标上加上 500 000m，此外在 y 轴坐标前加上带号。这种坐标称为国家统一坐标。

本书主要用到大地坐标系与相应的地心固定直角坐标系的转换。

我国常用的 3 个椭球体参数如表 2-1 所示，其中旋转椭球的形状和大小常用子午椭球的 5 个基本几何参数表示：

椭球短半轴：b；椭球长半轴：a；椭球扁率：$f = \dfrac{a-b}{a}$；

椭球第一偏心率：$e = \dfrac{\sqrt{a^2 - b^2}}{a}$；椭球第二偏心率：$e' = \dfrac{\sqrt{a^2 - b^2}}{b}$

地球曲率半径：N，$N = \dfrac{a}{W}$

两个常用的辅助函数：$\begin{aligned} W &= \sqrt{1 - e^2 \sin^2 B} \\ V &= \sqrt{1 + e'^2 \cos^2 B} \end{aligned}$

大地坐标 (B, L, H) 转换为地心固定直角坐标 (X, Y, Z) 的公式为：

$$\begin{bmatrix} L \\ B \\ H \end{bmatrix} = \begin{bmatrix} \arctan \dfrac{Y}{X} \\[3mm] \arctan \dfrac{Z \cdot (N+H)}{\sqrt{X^2+Y^2} \cdot [N(1-e^2)+H]} \\[3mm] \dfrac{Z}{\sin B} - N(1-e^2) \end{bmatrix} \qquad (2-7)$$

或 $B = \arctan \dfrac{Z + N \cdot e^2 \sin B}{\sqrt{X^2 + Y^2}}$，$B_0 = \arctan \dfrac{Z}{\sqrt{X^2+Y^2}}$，进行迭代计

算求得 B，H 为大地高。

地心固定直角坐标（X，Y，Z）转换为大地坐标（B，L，H）的公式为：

$$\begin{bmatrix} X \\ Y \\ Z \end{bmatrix} = \begin{bmatrix} (N+H) \cdot \cos B \cdot \cos L \\ (N+H) \cdot \cos B \cdot \sin L \\ [N \cdot (1-e^2)+H] \cdot \sin B \end{bmatrix} \qquad (2-8)$$

表 2-1　我国常用的 3 个椭球参数

椭球	椭球参数		
	长半轴 a（m）	短半轴 b（m）	坐标系统
Krassovsky	6 378 245	6 356 863	北京-54
IAG 75	6 378 140	6 356 755	西安-80
WGS-84	6 378 137	6 356 752	WGS-84

2.3　InSAR 干涉参数与误差分析

获取 DEM 的精度是衡量 InSAR 系统测量精度的一个重要指标，但 DEM 的测量精度受各种系统误差的影响，制约了 InSAR 系统的发展。

表 2-2 为 1∶1 万 DEM 的主要技术指标，为了满足机载 InSAR 干涉测量测图精度要求，对各机载 InSAR 干涉参数的精度提出了一定的要求。

表 2-2 1∶1 万 DEM 的主要技术指标 （单位：m）

项目	平地	丘陵	山地	高山地
一级	0.5	1.2	2.5	5.0
二级	0.7	1.7	3.3	6.7
三级	1	2.5	5	10

注：高程中误差的两倍为最大误差限。

2.3.1 机载 InSAR 干涉参数

图 2-1 表示的是雷达干涉测量的原理示意图，其中地面上某一点的高程可表示为：

$$h = H - R\cos\theta \tag{2-9}$$

每一点的高程值和所对应相位差的关系可以用下式表示：

$$\frac{\Delta\phi}{\Delta h} = \frac{2\pi \cdot B \cdot \cos(\theta - \alpha)}{\lambda \cdot R \cdot \sin\theta} \tag{2-10}$$

对于机载双天线 InSAR 系统，用 Δh 表示干涉测量误差，由上式可得：

$$\Delta h = \frac{\lambda \cdot R \cdot \sin\theta}{2\pi \cdot B \cdot \cos(\theta - \alpha)} \cdot \Delta\phi \tag{2-11}$$

结合式（2-11）分析可知，影响机载 InSAR 系统测量误差的主要参数有雷达斜距 R、基线长度 B、基线倾角 α、干涉相位误差 $\Delta\phi$ 以及飞机的姿态参数等。

2.3.2 InSAR 干涉参数误差分析

根据 InSAR 地形测量的原理，分析影响干涉测量精度的主要误差源有基线姿态误差、基线长度误差、干涉相位误差、雷达斜距误差、载机姿态误差。

（1）基线姿态误差

假设基线姿态测量误差为 $\Delta\theta$ ，由式（2-9），根据误差传播定律，基线姿态引起的高程误差为：

$$\Delta\theta' = R\sin\theta \cdot \Delta\theta \qquad (2-12)$$

对于机载多波段多极化干涉 SAR 测图系统，$\Delta\theta$ 为 0.003°，图 2-3 给出了当 $\Delta\theta$ 为 0.003°时，随着基线姿态的变化，地形测量误差的变化。机载干涉平台可以获取精确的干涉基线长度信息，但由于平台的姿态不稳定性还有大气气流的影响，使基线姿态信息的获取难度大，且精度不高。

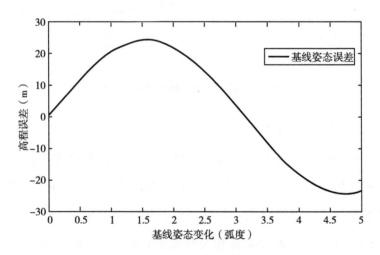

图 2-3　基线姿态对高程测量的影响

（2）基线长度误差

假设基线长度测量误差为 ΔB ，两天线之间是刚性连接，要求基线长度测量误差为 0.000 1m，由式（2-5），根据误差传播定律，基线长度误差为：

$$\Delta B' = \frac{R \cdot \tan(\theta - \alpha) \cdot \sin\theta}{B} \cdot \Delta B \qquad (2-13)$$

基线的长度误差对地形测量精度有很大影响，对于机载干涉系统，图 2-4 表现了当基线长度误差为 0.01m 时，随着基线长度的变化高程误差变化的情况，可以看出，高程误差随着基线长度变小而急剧增大。

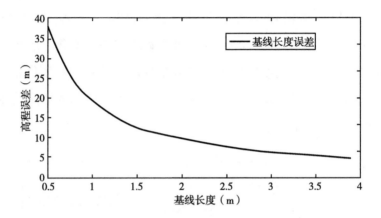

图 2-4 基线长度对高程测量的影响

（3）干涉相位误差

干涉相位误差是影响地形测绘精度的关键误差源之一，由相位产生的高程误差是一个统计量，主要来源有以下 3 个方面：热噪声、成像处理技术引起的误差、基线去相关和时相去相关。每一个影响因素都可以用信噪比 SNR 或相关系数 γ 来表示，二者有如下关系：

$$\gamma = \frac{1}{1 + SNR^{-1}} \qquad (2-14)$$

进行多视处理可以减弱热噪声，设 a_L 为多视数，相位误差是 a_L 和 γ 的函数并随着 a_L 和 γ 的增大而减小。

设：

$$SNR' = \ln(SNR/10) \tag{2-15}$$

多视处理后相位误差为 $\Delta\phi$，则有：

$$\Delta\phi = \sqrt{\frac{1 + 2SNR'}{2a_L SNR'^2}} = \frac{1}{\sqrt{2a_L}} \cdot \sqrt{\frac{1 + 2SNR'}{SNR'^2}} \tag{2-16}$$

或：

$$\Delta\phi = \frac{1}{\sqrt{2a_L}} \cdot \sqrt{\frac{1 + \gamma^2}{\gamma^2}} \tag{2-17}$$

（4）雷达斜距误差

通过测量雷达天线发射的电磁波到达地面目标点并返回的系统时间可以测量雷达波束的斜距。斜距误差是指雷达天线相位中心到地面某一点的距离误差，与电磁波穿过大气电离层的传播延时有关，还与系统内的时钟定时精度、采样频率有关，而与 SAR 的距离分辨率无关。假设雷达斜距的测量误差为 ΔR，根据误差传播定律，斜距误差为：

$$\Delta R' = \cos\theta \cdot \Delta R \tag{2-18}$$

斜距误差引起的高程误差由斜距误差决定，同时与基线姿态角有关。由上式可知，斜距误差与其引起的高程误差在同一数量级，如图 2-5 所示。

（5）载机姿态误差

载机姿态是指载机在飞行过程中的三轴控制状态，通常采用三轴姿态角来表示，即偏航角、侧滚角、俯仰角。载机在飞行过程中，会受到各种干扰力矩的影响（重力梯度力矩、大气力矩、太阳光压力矩等），从而引起载机飞行姿态的改变。载机飞行姿态误差将造成雷达波束照射区域的变化，雷达回波信号的多普勒中心频率随之变化，影响 SAR 图像的成像质量。参考 SAR 图像成像几何关系，结合

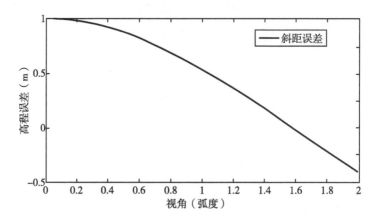

图 2-5　不同视角情况下斜距误差对高程测量的影响

载机导航信息和地面控制点信息对多普勒中心频率进行定标，可以明显改善 SAR 图像的成像质量，进一步提高 InSAR 高程测量精度。

参考文献

保铮，邢孟道，王彤，等，2010. 雷达成像技术［M］. 北京：电子工业出版社.

郭春梅，马艳敏，王岩飞，2007. IMU/GPS 组合导航中坐标变换问题的研究［J］. 宇航计测技术，27（1）：7-9.

何儒云，王耀南，2006. 一种基于小波变换的 InSAR 干涉图滤波方法［J］. 测绘学报，35（2）：128-131.

花奋奋，张继贤，邓喀中，等，2010. 几种机载 InSAR 平地效应去除方法的比较研究［J］. 遥感应用（5）：58-61.

靳国旺，2007. InSAR 获取高精度 DEM 关键处理技术研究［D］. 郑州：中国人民解放军战略支援部队信息工程大学.

靳国旺，徐青，秦志远，2006. InSAR 干涉图的滤波方法［J］.

系统仿真学报, 18 (9): 2563-2566.

靳国旺, 徐青, 张燕, 等, 2006. InSAR 干涉图的零中频矢量滤波算法 [J]. 测绘学报, 35 (1): 24-29.

靳国旺, 徐青, 朱彩英, 等, 2005. 航天 InSAR 复影像对的自动快速配准 [J]. 测绘学院学报, 22 (2): 128-130.

孔祥元, 郭际明, 刘宗泉, 2001. 大地测量学基础 [M]. 武汉: 武汉大学出版社.

廖明生, 林珲, 张祖勋, 等, 2003. INSAR 干涉条纹图的复数空间自适应滤波 [J]. 遥感学报, 7 (2): 98-105.

任坤, Veronique Prinet, 是湘全, 2003. 基于地理定位的星载 ISAR 去平地效应方法 [J]. 武汉大学学报 (信息科学版), 28 (3): 326-329.

舒宁, 2003. 微波遥感原理 [M]. 武汉: 武汉大学出版社.

王青松, 瞿继双, 黄海风, 等, 2012. 联合实、复相关函数的干涉 SAR 图像配准方法 [J]. 测绘学报, 41 (4): 563-569.

王志勇, 张继贤, 黄国满, 2004. InSAR 干涉条纹图去噪方法的研究 [J]. 测绘科学, 28 (6): 31-33.

魏钟铨, 等, 2001. 合成孔径雷达卫星 [M]. 北京: 科学出版社.

BARAN I, STEWART M P, KAMPES, et al., 2003. Amodification to the Goldstein radar interferogram filter [J]. IEEE Transactions on Geoscience and Remote Sensing, 41: 2114-2118.

EICHEL P H, GHIGLIA D C, et al., 1993. Spotlight SAR interferometry for terrain elevation mapping and interferometric change detection [R]. Sandia National Labs Tech. Report.

GHIGLIA DENNIS C, 1998. Two-dimensional Phase unwrapping:

theory, algorithms and software [M]. NewYork: John Wiley & Sons, Inc.

GIANCARLO B A, 1999. A Locally Adaptive Approach for Interferometric Phase Noise Reduction [R]. IEEE International Symposium on Geoscience and Remote Sensing (IGARSS).

GOLDSTEIN R M, CHARLES L, WERNER, 1998. Radar interferogram filtering for geophysical applications [J]. Geophys. Res. Lett., 25 (21): 4035-4038.

LANARI R, 1996. Generation of digital elevation models by using SIR-C&X-SAR multifrequency two-pass Interferometry: the Etna case study [J]. IEEE Transactions on Geoscience and Remote Sensing, 34 (5): 1097-1114.

LÒPEZ C, FÀBREGAS X, MALLORQUI O J, et al., 2001. Noise filtering of SAR interferometric phase based on wavelet transform [C]. IGARSS'01.

3 机载 InSAR 干涉参数定标

3.1 概述

由第 2 章分析可知，干涉合成孔径雷达获取地面数字高程模型（DEM）的过程中，InSAR 系统的各干涉参数是限制最后生成 DEM 精度的主要因素，InSAR 系统参数误差是影响 DEM 精度的主要误差。在机载 InSAR 数据处理过程中，干涉参数的获取和校准是一项非常重要的工作。

InSAR 干涉参数定标是获取高精度干涉参数的重要手段之一，是 InSAR 技术特有的一种方法，一般通过已知的地面控制点（Ground Control Point，GCP），结合高精度的机载飞行平台 POS 导航信息，引入一定的几何关系，解算系统时间延迟、基线长度、基线倾角、多普勒中心频率以及初始斜距等干涉参数。干涉参数定标的目的是把干涉参数误差降低至最低，从而保证获取高精度的干涉参数。

机载干涉参数定标的流程如下。

第一步　获取初始干涉参数。根据全站仪测量机载雷达天线罩各角点可以获取初始基线参数。

第二步　成像处理。根据初始干涉参数，结合高精度 POS 导航信息，对雷达原始回波数据进行成像处理。

第三步　干涉处理。对雷达成像数据进行干涉处理，包含影像配准、生成干涉图、去平地效应、相位解缠等。

第四步　在雷达图像上量测得到定标点的像点坐标。

第五步　根据定标点的像点坐标，获得各定标点在干涉图中的干涉相位以及解缠图中解缠相位。

第六步　利用定标点相位信息并结合地面控制点坐标信息，对干涉参数进行定标处理。

第七步　将定标结果后的多普勒中心频率和初始斜距修正值分别代入到雷达成像处理和干涉处理中，得到精度更高的相位信息再次参与定标处理。

图 3-1 为机载干涉参数定标的流程图。

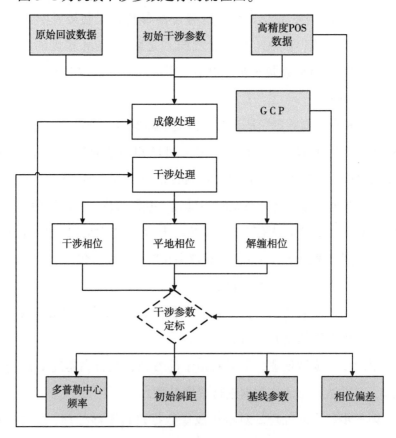

图 3-1　机载干涉参数定标的流程

3.2 POS 导航数据

3.2.1 导航系统简介

惯性导航（Inertial Navigation Systerm，INS）是 1970 年以来伴随着军事需求和新型微电子技术的发展而兴起的一项先进技术。惯性导航系统建立在牛顿经典力学定律基础之上。为了在惯性坐标系实现导航，需要安装用于测量飞行器的加速度的加速度计，跟踪加速度计所指的方向。物体相对于惯性坐标系的转动可以利用陀螺敏感器来检测，物体的转动用于确定加速度计在每一时刻的方位。利用这些信息可以把加速度分解到惯性坐标系，进行积分运算。

惯性导航就是用陀螺仪和加速度计提供的测量数据确定飞行载体位置的高程。通过这两种测量方式的组合，就可以确定飞行载体在惯性坐标系里的平移运动并计算它的位置。

惯性导航测量数据具有短期精度高、输出数据率高的特点，但存在漂移现象；GPS 数据能够精确确定雷达平台的位置、姿态、速度，但短期精度不够。高精度 POS 系统就是将惯性测量单元 IMU 与差分 GPS 数据的组合处理，两种测量方式的组合不仅提高了导航系统的精度而且加强了导航系统的抗干扰能力，同时这种组合方式提高了 GPS 接收机的跟踪能力，解决了 GPS 采样频率低的问题。

3.2.2 POS 系统的构成

目前高精度的 POS 系统主要有加拿大 Applanix 公司的 POS/AV

（Position and Orientation System for Airborne Vehicles） 系统和德国的 IGI 公司的 AEROControl 系统，本书所述的机载干涉 SAR 系统使用的导航系统是加拿大的 POS/AV 系统。POS/AV 由 4 个主要部分组成（图 3-2）：惯性测量单元（IMU）、双频低噪 GPS 接收器、计算机系统（PCS）和 POS 数据后处理软件包（POSPac MMS）。

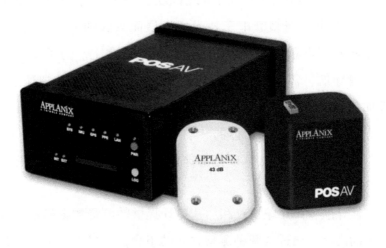

图 3-2　POS/AV 系统组成

　　惯性测量单元主要由导航平台、陀螺仪、加速度计、计算机和输入/输出接口组成。图 3-3 是惯导系统各组成部分示意图。惯性导航系统中，陀螺使运动载体平台始终处于系统选定的某个坐标系。陀螺高速旋转，可使惯性平台相对于该坐标系的姿态不变。加速度计用于测量单位质量所对应的力，也叫比力计。陀螺仪测量飞行载体相对于惯性空间的姿态变化。但加速度计并不能把飞行载体的总加速度与由引力场引起的加速度分开。因此，导航就是把飞行载体转动和比力的测量值与引力场的影响相结合，估算出选定坐标系的姿态、速度和位置。

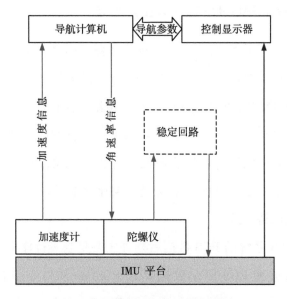

图 3-3　惯性导航系统各组成部分

　　本书涉及的机载 SAR 测图系统使用了 POS-AV 510 系统。POS-AV 510 是目前高精度的机载定向系统，POS-AV 510 主要的定向性能指标见表 3-1。

表 3-1　IMU 的定向指标

定向指标	参　　数
位置定位精度（m）	0.05~0.3（基站<30km）
速率（m/s）	0.005
横滚与俯仰角（°）	0.008
航向角（°）	0.05

3.2.3　机载 SAR 的 POS 数据后处理

机载 POS 定向数据的后处理涉及多种坐标系，主要包括飞行载体坐标系、惯性测量系统坐标系、地心坐标系等。机载多波段多极化干涉 SAR 测图系统使用的 POS 定向系统有两种数据输出口。惯性导航坐标系在导航坐标系中的各姿态角，以及惯性导航坐标系原点在地心坐标系中的坐标，并非影像的外方位元素。需要依据外方位元素的定义，将成图坐标系依次经过绕坐标轴旋转，各坐标轴与像空间坐标系保持一致。

机载 SAR 系统的 POS 数据后处理主要是当飞行任务结束后，将地面基站数据和 POS 原始数据导入 POSPac 软件中进行解算。由 POS 获取原始数据的解算方法主要有 PPP 解算方法与差分解算方法。

3.3　基于单干涉像对的干涉参数定标方法

为了有效进行干涉参数定标，本节主要介绍机载 InSAR 单干涉像对的参数定标数学模型，并根据该模型给出了单干涉像对的参数定标方法，同时介绍了求解 InSAR 系统时间延迟和多普勒中心频率的算法。干涉参数定标所涉及的主要参数包括基线长度、基线倾角、系统时间延迟、初始斜距、干涉相位偏差、多普勒中心频率。各干涉参数对地形高程的误差分析已在第 2 章中有所介绍，其中系统时间延迟是机载 InSAR 系统的系统偏差，主要对雷达斜距产生影响；多普勒中心频率是由雷达天线与地面目标相对速度引起的频率，载机飞行姿态的误差是多普勒中心频率产生的主要原因。

3.3.1 系统时间延迟解算方法

在机载合成孔径雷达中，雷达斜距的测量是通过记录天线发射的电磁波到达地面目标并返回的系统时间延迟得到的。系统初始斜距为：

$$R_m = \frac{c}{2} \cdot \tau \qquad (3-1)$$

其中，c 为光在真空中的传播速度；τ 为 SAR 天线所接收的目标回波相对于发射脉冲的时间延迟。

在 SAR 影像中，距离向第 i 个像素所对应的斜距为：

$$R_i = \frac{c\tau}{2} + n_i \cdot \frac{c}{2F} \qquad (3-2)$$

其中，n_i 为距离向第 i 个像素，F 为距离向采样频率，R_i 为距离向第 i 个像素所对应的斜距。

SAR 系统的时间延迟误差为系统常数误差，可以通过地面控制点，利用几何关系进行标定。

$$R' = \sqrt{(X_1 - X_0)^2 + (Y_1 - Y_0)^2 + (Z_1 - Z_0)^2} \qquad (3-3)$$

上式中，(X_1, Y_1, Z_1) 为雷达主天线的位置坐标，由高精度 POS 数据给出；(X_0, Y_0, Z_0) 为地面控制点的位置坐标。联合以上两式得

$$\tau = \frac{2}{c}(R' - n_i \cdot \frac{c}{2F}) \qquad (3-4)$$

选取实测的高精度地面控制点，依据以上算法即可对机载 InSAR 系统时间延迟进行定标反演，进一步对 InSAR 系统进行斜距改正。

3.3.2 多普勒中心频率解算方法

雷达位置和雷达波束在地面覆盖区的简单几何关系如图 3-4 所示。其中，Y 方向为雷达成像的距离向，X 方向为雷达成像的方位向，v 为载机沿飞行方向航速，λ 为雷达波长，θ_i 为雷达斜视角，H 为载机航高。这里的斜视角 θ_i 为斜距矢量与零多普勒平面之间的夹角，是描述波束指向的一个重要参数，它是在斜距平面内测量的，如果向下俯视，它与波束偏航角是一致的，对于特定波束指向，斜视角依赖于目标距离 R_0。

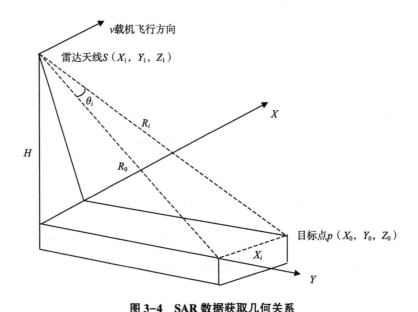

图 3-4　SAR 数据获取几何关系

在上述雷达数据获取的几何模型中，雷达天线到地面目标点在 i 时刻的斜距可由下式给出：

$$R_i = \sqrt{R_0^2 + v^2 i^2} \qquad (3-5)$$

其中，R_0 为正侧视情况下的雷达斜距。对于机载情况，假设雷达波束指向和飞行方向不变，上述雷达数据获取几何关系是固定的。考虑多普勒中心频率的影响，多普勒中心在方位向上引起的偏移为 X_i，由上述几何关系可知：

$$X_i = v \cdot i = R_i \cdot \sin\theta_i \qquad (3-6)$$

在 i 时刻，多普勒中心频率正比于式（3-5）中 R_i 的变化率

$$f = -\frac{2}{\lambda} \cdot \frac{dR_i}{di} = -\frac{2v^2 i}{\lambda R_i} \qquad (3-7)$$

结合式（3-6），可得多普勒中心频率的公式为：

$$f = \frac{2}{\lambda} \cdot v \cdot \sin\theta_i \qquad (3-8)$$

假如地面目标点 P 为定标点，其已知坐标为 (X_0, Y_0, Z_0)，同时由 POS 数据可得到雷达瞬时天线相位中心坐标 (X_1, Y_1, Z_1)，则可由以下式（3-9）、式（3-10）计算雷达斜视角 θ。

$$R_i = \sqrt{(X_1 - X_0)^2 + (Y_1 - Y_0)^2 + (Z_1 - Z_0)^2} \qquad (3-9)$$

其中，$X_i = X_0 - X_1$，则有：

$$\sin\theta = \frac{X_0 - X_1}{R_i} \qquad (3-10)$$

结合以上各式，计算多普勒中心频率的公式为：

$$f = \frac{2}{\lambda} \cdot v \cdot \frac{X_0 - X_1}{\sqrt{(X_1 - X_0)^2 + (Y_1 - Y_0)^2 + (Z_1 - Z_0)^2}} \quad (3-11)$$

在机载情况下，上式给出了利用地面定标点结合 POS 数据计算多普勒中心频率的计算公式。

3.3.3 单干涉像对定标模型

本书第 2 章详细介绍了机载 InSAR 获取 DEM 的基本几何原理，

其中地面上任一点的高程为：

$$h = H - R\cos\theta$$

$$= H - R\cos\left[90° + \alpha - \arccos\left(-\frac{\Delta R}{B} + \frac{B}{2R} - \frac{\Delta R^2}{2RB}\right)\right]$$

$$(3-12)$$

根据图 2-1 所示，雷达波束入射角 θ 为：

$$\theta = \arccos\frac{H - h}{R} \qquad (3-13)$$

联合式（2-3）、式（2-4）得：

$$\theta = \arccos\left[90° + \alpha - \arccos\left(-\frac{\Delta R}{B} + \frac{B}{2R} - \frac{\Delta R^2}{2RB}\right)\right] \quad (3-14)$$

整理令其组成多项式 F 得：

$$F = B\sin\left[\cos^{-1}\left(\frac{H - h}{R}\right) - \alpha\right] + \Delta R - \frac{B^2}{2R} + \frac{\Delta R^2}{2R} \quad (3-15)$$

3.3.4 单干涉像对定标方法

以上建立了单干涉像对的定标数学模型，在该模型中，对于机载双天线系统，斜距差 $\Delta R = \frac{-\lambda}{2\pi} \cdot (\Delta\phi + \phi')$，其中 $\Delta\phi$ 为相位解缠后的干涉相位，ϕ' 为相位偏差，关于相位偏差的误差分析在第 2 章中已经有所介绍。式（3-15）即为考虑相位偏差、基线长度、基线倾角的数学模型，该数学模型为非线性方程，若想实现各干涉参数的联合定标，需利用上式对各干涉参数求导，将其线性化。线性化后上式可写成：

$$F = F_0 + X_0\Delta B + X_1\Delta\alpha + X_2\Delta(\Delta\phi) \qquad (3-16)$$

其中，常数项及各未知数的系数如下：

$$F_0 = B_0 \sin(\theta - \alpha_0) + \Delta R_0 - \frac{B_0}{2R} + \frac{(\Delta R_0)^2}{2R}$$

$$X_0 = \frac{\partial F}{\partial B} = \sin(\theta - \alpha) - \frac{B}{R}$$

$$X_1 = \frac{\partial F}{\partial \alpha} = -B\cos(\theta - \alpha)$$

(3-17)

$$X_2 = \frac{\partial F}{\partial \phi'} = \frac{\lambda}{2\pi}(1 + \frac{\Delta R}{R})$$

若已知存在 n（$n>3$）个地面控制点，每个控制点均可列出一个条件方程式，各条件方程式写成矩阵组形式：

$$Al + l_0 = 0 \tag{3-18}$$

当认为各控制点所列方程式为等权时，则条件方程式的权矩阵 P 为单位阵，这时的法方程式为：

$$AP^{-1}A^Tl + l_0 = 0 \tag{3-19}$$

其中，

$$A = \begin{bmatrix} x_{01} & x_{11} & x_{21} \\ x_{02} & x_{12} & x_{22} \\ \vdots & \vdots & \vdots \\ x_{0n} & x_{1n} & x_{2n} \end{bmatrix} \tag{3-20}$$

$$l_0 = \begin{bmatrix} -F_{01} & -F_{02} \cdots & -F_{0n} \end{bmatrix}^T$$

$$l = \begin{bmatrix} \Delta B & \Delta \alpha & \Delta \phi \end{bmatrix}^T \tag{3-21}$$

$$P = \begin{bmatrix} 1 & 0 & 0 \\ 0 & 1 & 0 \\ \vdots & \vdots & \vdots \\ 0 & 0 & 1 \end{bmatrix} \tag{3-22}$$

联合以上各方程组，可得方程组的解：

$$l = (A^T P A)^{-1} A^T P l_0 \qquad\qquad (3-23)$$

给定合理的各未知数的初始值，采用至少 3 个地面控制点就可以完成各干涉参数的定标数学解算工作。

3.4 区域网的干涉参数定标方法

上一节介绍了机载 InSAR 基于单干涉像对的干涉参数定标的数学模型和解算方案，基于单张影像的干涉参数定标方法可以取得较精确的定标结果，而在机载 InSAR 系统实用化大区域测图应用中，这种定标方法有一定的局限性。单干涉像对的干涉参数定标方法在大面积测图应用中，需要对各套干涉数据单独进行干涉参数定标，每套干涉数据图幅范围内需要分布均匀的地面控制点，因此整个区域需要获取大量、分布均匀的地面控制点。我国西部及西南部分地区常年多阴雨、多云雾，在一些边缘高寒荒漠地区，人烟稀少，地面特征不明显，而且塔里木盆地、塔克拉玛干沙漠、昆仑山脉、横断山脉位于其中，野外作业非常困难。本书借鉴区域网平差的数学思想，构建了机载 InSAR 多套干涉数据联合参数定标的数学模型，给出了该模型的解算方案。

3.4.1 多航带区域网平差思想

对 SAR 影像进行区域网平差，可以使 SAR 影像的利用效率更高，有利于大面积、高效地开展高精度 SAR 测图工作。在稀少控制点的前提下，多航带机载 SAR 数据区域网平差处理技术变得很有意义。稀少控制的 SAR 影像区域网平差处理，控制点的选取应当遵循一定的原则：控制点应当控制尽可能大的影像区域；控制点应当尽可能分布在影像的四周和中部；控制点应当尽量分布在影像重叠区域的中线附近。图 3-5 为多航带机载 SAR 数据区域网平差示意图。

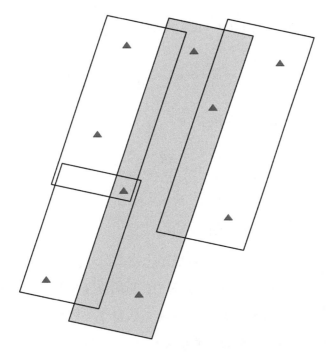

图 3-5 多航带机载 SAR 数据区域网平差示意图

3.4.2 区域网定标模型和解算方法

区域网干涉参数联合定标的基本思想是在单干涉模型的基础上，考虑影像重叠区域加密点高程值作为未知数，与其他干涉参数一起参与多干涉模型联合区域网平差解算。

式（3-15）给出了单干涉像对参数定标的数学模型，若考虑地面控制点高程值为未知数，则此模型可以扩展为如下形式：

$$F(B, \ \alpha, \ \Delta\phi, \ h) = 0 \qquad (3-24)$$

上式中包含 4 个未知数，先使其线性化，线性化后公式转化为

$$F = F_0 + X_0\Delta B + X_1\Delta\alpha + X_2\Delta(\Delta\phi) + X_3\Delta h \qquad (3-25)$$

其中，

$$F_0 = B_0 \sin(\theta - \alpha_0) + \Delta R_0 - \frac{B_0}{2R} + \frac{(\Delta R_0)^2}{2R}$$

$$X_0 = \frac{\partial F}{\partial B} = \sin(\theta - \alpha) - \frac{B}{R}$$

$$X_1 = \frac{\partial F}{\partial \alpha} = -B\cos(\theta - \alpha) \tag{3-26}$$

$$X_2 = \frac{\partial F}{\partial \phi'} = \frac{\lambda}{2\pi}(1 + \frac{\Delta R}{R})$$

$$X_3 = \frac{\partial F}{\partial \Delta h} = \frac{1}{\sqrt{R^2 - (H-h)^2}} B\cos(\theta - \alpha)$$

假设有 m 个干涉模型，各模型上点数分别为 n_1，n_2，$\cdots$，n_m，并且有 $N = n_1 + n_2 + \cdots + n_m$，其中，量测点（多张影像同名点为 1 个点）总数 n，控制点数量 p，加密点数量 q，观测方程个数 N，未知数个数为 $3 \times m + q$，有如下关系式：

$$n < N$$
$$n = p + q \tag{3-27}$$

当 $N \geq 3 \times m + q$ 时，方程有唯一解。

每个点都列出一个方程，对未知数求导，将其线性化，得到误差方程为：

$$v = At + BX - l \tag{3-28}$$

其中，

$$\underset{N \times 1}{v} = \begin{bmatrix} v_F^1 & v_F^2 & v_F^3 & \dots & v_F^N \end{bmatrix}^T$$

$$\underset{3m \times 1}{t} = \begin{bmatrix} d\Delta B_1 & d\Delta \alpha_1 & d\Delta \phi_1 & d\Delta B_2 & d\Delta \alpha_2 & d\Delta \phi_2 \end{bmatrix}$$

$$\cdots\cdots d\Delta B_m \ d\Delta \alpha_m \ d\Delta \phi_m \end{bmatrix}^T$$

$$\underset{q \times 1}{X} = \begin{bmatrix} dh_1 & dh_2 & dh_3 & \cdots\cdots & dh_q \end{bmatrix}^T \tag{3-29}$$

$$\underset{N \times 1}{l} = \begin{bmatrix} l_F^1 & l_F^2 & l_F^3 & \cdots\cdots & l_F^N \end{bmatrix}^T$$

t 为干涉参数未知数的改正数，X 为待定点的坐标高程值改正数，A 矩阵是模型干涉参数的系数矩阵，每个模型中的每个点均能列一个方程，则 A 矩阵大小为 $N \times 3m$，B 矩阵是加密点未知坐标高程值的系数矩阵，大小为 $N \times q$，由多个 3×1 的单位矩阵及 0 矩阵组成。每个模型点均能列出一个方程，对于控制点，其方程中未知数只有 3 个模型干涉参数，则其在 B 矩阵中对应的一行元素值全部为 0；对于加密点，单位矩阵所在位置由加密点所在模型编号及点号决定，若其为第 c 个模型（$c = 1$，2，$\cdots$，m）中的 d 点，则其单位阵第一个元素的位置为（$c-1$）+1 行（$d-1$）+1 列。

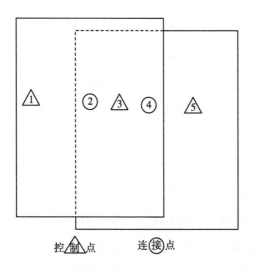

图 3-6　两干涉像对控制点、连接点分布示意图

如图 3-6 所示，对于两个具有一定重叠区域的干涉像对，利用地面控制点对其进行区域网干涉参数定标，在两个干涉像对中，控制点、连接点可分别由式（3-25）列出方程式（3-30），对于所有的控制点和连接点都可以列出相应的误差方程式，根据误差方程式组成法方程式，给定未知数的初值，解算法方程式得到各未知数的改正值，将该改正值修正未知数的初始值，并不断进行迭代处理直至得到满意的干涉参数定标结果和连接点高程值加密结果。

$$F = (B_1 \quad \alpha_1 \quad \phi_1 \quad h_1) = 0$$

$$F = (B_1 \quad \alpha_1 \quad \phi_1 \quad h_2) = 0$$

$$F = (B_2 \quad \alpha_2 \quad \phi_2 \quad h_2) = 0$$

$$F = (B_1 \quad \alpha_1 \quad \phi_1 \quad h_3) = 0$$

$$F = (B_2 \quad \alpha_2 \quad \phi_2 \quad h_3) = 0 \tag{3-30}$$

$$F = (B_1 \quad \alpha_1 \quad \phi_1 \quad h_4) = 0$$

$$F = (B_2 \quad \alpha_2 \quad \phi_2 \quad h_4) = 0$$

$$F = (B_2 \quad \alpha_2 \quad \phi_2 \quad h_5) = 0$$

分析图 3-4 所示情况，若采取区域网干涉参数定标方法，需要定标的干涉参数个数有 $2 \times 3 = 6$ 个，重叠区域高程加密点可以列出 $2 \times 2 = 4$ 个误差方程式同时引入两个高程值未知数，重叠区域控制点可以列出 2 个误差方程式，其余两个控制点可以列出 2 个误差方程式，此时刚好有 8 个控制点来解算 8 个未知数。因此，对两个干涉像对进行区域网联合参数定标，至少需要 3 个控制点。假如两个干涉像对分别采用单干涉像对参数定标的方法，对于两套数据，需要定标的干涉参数有 6 个，每个干涉像对至少需要 3 个分布均匀的地面控制点，考虑两个干涉像对重叠区域有一个控制点，则总共需要至少 5 个地面控制点。可以计算，当随着干涉像对的数目的不断增加，单干涉像对参数定标方法需要的地面控制点越多，而区域网参数定标方法使用较少的控制点就可以实现大范围的干涉参数定标任务。

上述控制点和连接点组成误差方程式（3-28），相应的法方程式为：

$$\begin{bmatrix} A^TA & A^TB \\ B^TA & B^TB \end{bmatrix}\begin{bmatrix} t \\ X \end{bmatrix} = \begin{bmatrix} A^Tl \\ B^Tl \end{bmatrix} \text{ 或 } \begin{bmatrix} N_{11} & N_{12} \\ N_{21} & N_{22} \end{bmatrix}\begin{bmatrix} t \\ X \end{bmatrix} = \begin{bmatrix} n_1 \\ n_2 \end{bmatrix} \quad (3-31)$$

通常高程加密点未知数 X 的个数要远远大于模型参数 t 的个数，故在法方程求解时，往往先消去其中未知数较多的 X，得到仅含未知数 t 的改化法方程：

$$(N_{11} - N_{12}N_{22}^{-1}N_{12}{}^T)t = n_1 - N_{12}N_{22}^{-1}n_2 \quad (3-32)$$

求解模型参数改正数：

$$t = (N_{11} - N_{12}N_{22}^{-1}N_{12}{}^T)^T(n_1 - N_{12}N_{22}^{-1}n_2) \quad (3-33)$$

同样可以把加密点高程近似值作为已知值，求出每个干涉模型的干涉参数，再利用干涉参数的新值计算加密点的高程值，如果反复直至未知数的改正值小于某个阈值结束迭代。

参考文献

保铮，刑孟道，王彤，2006. 雷达成像技术 ［M］. 北京：电子工业出版社.

程春泉，2010. 多源异构遥感影像联合定位模型研究 ［D］. 北京：中国矿业大学.

郭微光，梁甸农，董臻，等，2003. 一种基于机载 SAR 原始回波的多普勒参数估计方法 ［J］. 国防科技大学学报（3）：41-44.

韩松涛，向茂生，2010. 一种基于特征点权重的机载 InSAR 系统区域网干涉参数定标方法 [J]. 电子与信息学报，3（5）：1244-1247.

黄国满，2014. 机载多波段多极化干涉 SAR 测图系统——CASMSAR [J]. 测绘科学，39（8）：111-115.

黄国满，郭建坤，赵争，等，2004. SAR 影像多项式纠正方法与实验 [J]. 测绘科学，29（6）：27-30.

黄国满，杨书成，王宁娜，等，2013. 稀少控制下机载 InSAR 区域网联合地理编码方法 [J]. 测绘学报，42（3）：397-403.

黄国满，岳昔娟，等，2008. 基于多项式正射纠正模型的机载 SAR 影像区域网平差 [J]. 武汉大学学报（信息科学版），33（6）：569-572.

黄永红，毛士艺，1994. 星载合成孔径雷达多普勒参数估计 [J]. 电子学报（6）：10-16.

李晨，2010. 干涉合成孔径雷达高程测量技术研究 [D]. 南京：南京航空航天大学.

李仁，2006. SINS/GPS 组合导航系统研究 [D]. 哈尔滨：哈尔滨工业大学.

李学友，2005. IMU_ DGPS 辅助航空摄影测量原理、方法及实践 [D]. 郑州：解放军信息工程大学.

毛永飞，向茂生，2011. 基于加权最优化模型的机载 InSAR 联合定标算法 [J]. 电子与信息学报（12）：2819-2824.

皮亦鸣，2007. 合成孔径雷达成像原理 [M]. 成都：电子科技大学出版社.

舒宁，2003. 微波遥感原理 [M]. 武汉：武汉大学出版社.

王宁娜，2011. 机载 InSAR 独立模型法 DEM 区域网平差技术研究 [D]. 北京：中国测绘科学研究院.

武汉大学测绘学院测量平差学科组，2003. 误差理论与测量平差基础 [M]. 武汉：武汉大学出版社.

杨大烨，谢天怀，胡宝余，2002. 机载 SAR 用的 GPS/SINS 组合导航系统研究 [J]. 中国惯性技术学报 (4)：19-23.

杨书成，2012. 合成孔径雷达立体测图技术与方法 [D]. 武汉：武汉大学.

岳昔娟，2009. 稀少控制条件下机载 SAR 高精度定位技术研究 [D]. 武汉：武汉大学.

岳昔娟，韩春明，窦长勇，等，2015. 机载 InSAR 区域网平差数学模型研究 [J]. 武汉大学学报（信息科学版），40（1）：59-63.

张劲林，许荣庆，刘永坦，等，1998. 利用 Wigner-Ville 分布估计星载合成孔径雷达多普勒中心频率 [J]. 系统工程与电子技术 (3)：15-18.

张丽娜，2008. 精密单点定位技术在 IMU/GPS 辅助航空摄影中的应用 [D]. 北京：中国地质大学信息工程学院.

张新，2006. 机载 SAR 实时成像处理算法的研究 [D]. 北京：中国科学院电子学研究所.

张直中，1990. 微波成像技术 [M]. 北京：科学出版社.

张祖勋，张剑清，1997. 数字摄影测量学 [M]. 武汉：武汉大学出版社.

朱彩英，蓝朝桢，徐青，等，2010. GPS 支持下的机载 SAR 遥感图像无控制准实时地理定位 [J]. 测绘学报，32（8）：233-238.

CURRIE A, BAKER C J, 1995. High resolution 2-D radar imaging [C]. IEEE International Radar Conference' 95.

GOBLIRSCH W, 1997. The exact solution of the imaging equations for crosstrack interferometers ICARSS'97 [C]. 1997 IEEE International Geoscience and Remote Sensing Symposium Proceedings.

GUTJAHR K H, 2000. A new InSAR geolocation algorithm [R]. Proceeding of European Conference on Synthetic Aperture Radar, EUSAR: 309-312.

SHIMADA M, FURUTA R, WATANABE M, et al., 2004. Repeat pass SAR interferometry of the Pi-SAR (L) for DEM generation [C] //Geoscience and Remote Sensing Symposium, IGARSS'04. Proceedings. 2004 IEEE International. IEEE, 1: 473-476.

ZHANG WEI, XIANG MAOSHENG, WU YIRONG, 2010. Using Control Points'3D Information to Calibrate the Interferometric Parameters of Dual-antenna Airborne InSAR System [J]. Acta Geodaetica et Cartographica Sinica (39): 370-377.

4 试验与结果分析

4.1 机载多波段多极化干涉 SAR 测图系统

多波段多极化干涉 SAR 测图系统（CASMSAR）是"我国西部 1∶50 000 地形图空白区测图工程"支持的国家重大测绘科技专项"多波段多极化干涉 SAR 测图系统"的重要成果。该系统由中国测绘科学研究院牵头研制，经过子系统研制、系统软硬件集成、系统调试和测图试验几个阶段，已经具备实际运行能力。

多波段多极化干涉 SAR 测图系统由数据获取系统、测图软件系统、数据预处理与分发系统组成，可以实现 X 波段干涉 SAR 测图和 P 波段多极化 SAR 测图任务，精度可达到 1∶10 000、1∶50 000 地形图测图要求。

"奖状 S-Ⅱ"型高空涡扇飞机为该测图系统选用的飞行平台，如图 4-1 所示，该飞机的主要性能指标如下。

飞机最大巡航速度：746km/h

正常巡航速度：713km/h

飞机最高升限：11 000m

最大航程：3 167km

最大爬升率：15.1m/s

作业高度区域：1 500~10 500m

SAR 具有高分辨率、全天时及全天候的成像特点，对于多云雾

图 4-1 雷达数据获取使用的飞行平台

困难地区测图有着传统光学影像不可比拟的优势。该机载 SAR 测图系统 P 波段、X 波段传感器。

该机载 SAR 测图数据获取集成系统可分为三大功能区：数据监控区、数据获取区和数据测量区，各个功能区域通过 LAN 网络交换机连接在一起，如图 4-2 所示。数据测量区域由 POS 系统、DGPS 系统组成，负责测量载机姿态等数据，共同组成飞控导航子系统；数据监控区由飞控计算机、导航终端组成，主要实现机上各系统的状态监视、参数控制及数据显示功能；数据获取区由 X 波段雷达系统、P 波段雷达系统组成，负责获取 X、P 波段原始数据，其 X 波段天线吊舱示意图如图 4-3 所示。具体设备技术指标见表 4-1、表 4-2、表 4-3。

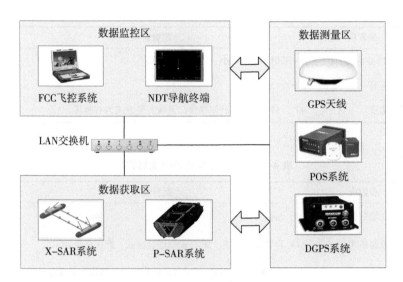

图 4-2   机载合成孔径雷达测图系统

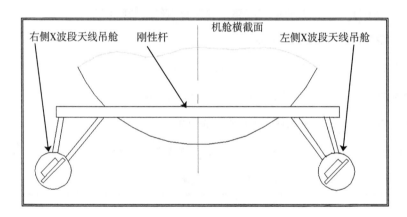

图 4-3   X 波段天线吊舱改装示意图（前视）

表 4-1   X-SAR 系统参数配置信息

参数项	配置说明
雷达成像分辨率	优于 5m
增益控制模式	AGC 自动增益模式、MGC 手动增益模式，默认选择 MGC
工作模式	单路乒乓、一发双收、双路乒乓模式，默认为一发双收

（续表）

参数项	配置说明
MGC 增益值	0~50dB，数值越小，回波信号越强
工作航高	3 000~10 000m
天线角度	40°、45°、50° 3 种侧视角，天线安装方式为右侧视

表 4-2　P-SAR 系统参数配置信息

参数项	配置说明
雷达成像分辨率	优于 5m
增益控制模式	AGC 自动增益模式、MGC 手动增益模式，默认选择 AGC
极化模式	全极化、HH/HV 极化、VV/VH 极化模式，默认为全极化
MGC1 增益值	0~48dB，数值越小，回波信号越强，控制 H 接收
MGC2 增益值	0~48dB，数值越小，回波信号越强，控制 V 接收
工作航高	3 000~10 000m
侧视方式	左侧视、右侧视，默认为右侧视
距离波门	视飞行高度而定，高度越低，取值越小
采样深度	8~32kb，一般取值在 10~15kb
PRF 值	全极化模式下为 800Hz，其他模式下为 500Hz
工作脉宽	5~70μs，高度越低，取值越小

表 4-3　POS-AV 510 系统的主要技术指标（标称精度）

指标	参数
Xs、Ys、Zs 精度	0.05~0.30m
φ、ω 精度	0.005°
κ 精度	0.008°

该机载 SAR 测图系统的工作原理，是在飞控计算机控制下，POS 系统和 DGPS 系统测量载机的坐标与姿态数据，使用 P、X 波段雷达系统获取 SAR 数据，POS 数据输出显示到导航终端上以供飞行员作航线参考。

4.2　机载 SAR 外业飞行试验

机载 SAR 外业飞行试验的主要目的是利用机载多波段多极化干涉 SAR 测图系统开展 1∶5 000、1∶10 000、1∶50 000 雷达航空摄影与测图试验，检验该系统的测图精度，获得该系统高精度的系统参数，评估该系统航空摄影和测图的作业能力与效率。

飞行试验执行时限：2011 年 6—7 月，由中飞通用航空公司采用奖状 S-Ⅱ型飞机对河南省登封市开展雷达航空摄影；在航摄的同时获取地面参考数据，并对雷达系统的设备进行检定。雷达航空摄影区域位于河南省登封市。河南省登封市位于河南省中西部，中岳嵩山南麓，地形以山地和丘陵为主。

以登封定标场为中心进行 SAR 航拍，在相对航高 3 000m、6 000m 相对航高东西和南北方向飞行获取用于 1∶5 000、1∶10 000、1∶50 000 比例尺测图的多波段多极化 SAR 数据。雷达波束入射角为 45°±13°、50°±13°两种模式，平均高程 300m。以林州定标场为中心进行 SAR 航拍，在相对航高 3 000m 和 4 500m 相对航高东西方向飞行获取用于 1∶10 000、1∶25 000、1∶50 000 比例尺制图的多波段多极化 SAR 数据。不进行南北向飞行。雷达波束中心入射角为 45°。

采用飞行试验获得的干涉数据，利用登封定标场的控制点测量成果进行干涉参数定标试验，获得机载多波段多极化干涉 SAR 测图系统的高精度干涉参数，其中包括基线长度、基线倾角、绝对时间延迟、初始斜距改正值、相位偏置，验证该系统干涉参数的稳定性。

4.2.1 航线设计

该航空摄区为国家基础航空摄影地区，用于 1∶50 000 地形图的测图，结合雷达航空摄影的特性及西部测图项目要求，按以下方案敷设航线。

（1）敷设航线时，平行于航空摄区边界线的首末航线其地面覆盖一般保证有 30%在航空摄区边界线外；保证两条航线覆盖区域之间有满足分区要求的重叠度（根据摄区不同的用途及要求，平均面上旁向重叠度不一样：东西方向航带重叠度为 60%，南北方向航带重叠度为 30%）。

（2）根据在试验区进行试验飞行时的经验，由于高空风的影响，东西飞行航偏角在 5°~10°，南北飞行时航偏角在 10°~15°，4 个方向获取数据时保证 6°航偏角会有困难，可经协商后适当放宽或修改航线设计数据。由于高空风比较稳定，多为西风，对于东西飞行时，调整航线设计方案，飞行方向和风向保持平行；南北飞行时侧风较大，航偏角难以保持，在实际飞行时根据情况调整飞行航线。

附图 4-1 给出了登封航空摄区 6 000m 飞行高度的航线设计方案。航线单次覆盖，重叠度为 60%，分辨率为 X 波段为 2.5m，P 波段为 2.5m；成像范围：东西向 45km，南北向 25km。定标场的范围：东西向 10km，南北向 10km。其中，红色区域为登封定标场的位置，绿色区域为飞行数据成像区域，一个架次共进行 10 条航线的飞行。

4.2.2　定标设计

定标是为了消除雷达系统误差，定标点布设采用沿距离向等距布设，用于标定基线等系统参数。定标点布设是系统参数定标的重要内容，定标点布设采用沿距离向等距布设，根据雷达高度以及幅宽范围整景布设，去除因近距和远距问题而无法识别定标点，均匀布设若干个定标点。沿距离向直线布设，偏离范围不宜超过800m。

举例说明，定标点布设示意图见附图4-2，图中布设两排定标点，实际布设时只布设一排8个定标点、在相距0.5~1倍幅宽的另一排上布设若干点定标点作为检查点。

附图4-2中红色交叉点为定标点，定标点沿距离向摆设，间距相等，集中于幅宽范围的有效区域范围，因为在雷达幅宽的近距影像压缩，标点不易辨认，在幅宽的远距，雷达波束强度减弱，也不利于定标点辨认。角反射器定标点在雷达影像上如附图4-3所示。

附图4-4给出了登封摄区6 000m飞行高度的定标点布设方案。航线单次覆盖，重叠度为60%，X、P波段分辨率均为2.5m；成像范围：东西45km，南北25km。定标场的范围：东西10km，南北10km。其中红色区域为登封定标场的范围，自西向东、自东向西、自南向北、自北向南的飞行航线各一条，自西向东、自东向西的飞行航线各布设25个定标点，自南向北、自北向南的飞行航线各布设10个定标点，每个定标点之间的间距约为1 000m。

4.2.3　角反射器的布放

本次飞行试验的定标点采用三面角反射器，角反射器的中心线为中轴线，角反射器摆放的原则是角反射器的中轴线垂直于航线并尽量与航线共面，根据飞机航高、飞行方向等参数构成的几何关系确定角反射器中心轴线水平方向偏移角度（北方向为起始方向）以及垂直方向偏移角度（以水平放置时为基准），适时调整角反射器的方位。

图 4-4 角反射器中心轴线示意图，其中 O 为角反射器顶点，A、B、C 分别为角反射器的三条边的顶点，角反射器的截面 ΔABC 为等边三角形，其垂心为 D 点，角反射器的中轴线方向定义为角反射器顶点 O 与 ΔABC 的垂心 D 的连线方向。

图 4-4　角反射器摆放

图 4-5 和图 4-6 分别表示俯视方向和侧视方向观察时角反射器摆设方位的示意图，对于图 4-4 中的角反射器垂直方向抬高或降低某一角度的问题，由于三面角反射器具有平行反射波束的性质，10°以内的微小偏差并不影响雷达波束返回的能量强度，所以在垂直方向上，10°以内无须抬高或者降低角反射器。

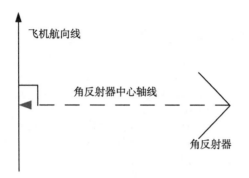

图 4-5　角反射器摆放俯视图

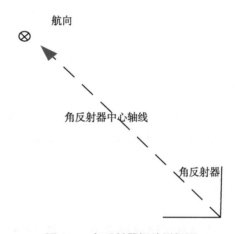

图 4-6　角反射器摆放侧视图

4.3　基于单干涉像对的参数定标试验

为了验证单干涉像对的参数定标方法的正确性和有效性，本节介绍单干涉像对的参数定标试验情况，根据上述关于参数定标方法的理论，采用 VC++6.0 构建单干涉像对的参数定标模块。

单干涉像对的参数定标模块界面如图 4-7 所示。

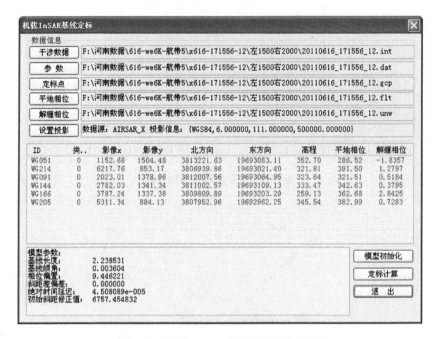

图 4-7 机载 InSAR 参数定标模块界面

4.3.1 试验数据

试验应用中国测绘科学研究院机载双天线 InSAR 系统获取的数据，试验区位于河南登封地区，平均高程 330m，覆盖面积 60km×40km。机载 SAR 数据航向重叠 30%，旁向重叠 60%，飞行方向东西向，飞行高度 6 000m，飞行速度 120m/s，影像分辨率 2.5m。本节试验中选取其中自西向东航带的一块数据，X 波段，影像大小为 5 460×1 0836。

试验所采用的初始机载 InSAR 系统参数如表 4-4 所示。

表 4-4　机载 InSAR 系统参数

波长（m）	0.031 2	基线长度（m）	2.200
绝对航高（m）	6 250	基线倾角（°）	0.50
方位向采样间隔（m）	1.0	时间延迟（μs）	44.934
距离向采样间隔（m）	1.0	初始斜距（m）	6 735.840
飞机速度（m/s）	117	工作模式	单发双收
横滚角（°）	-0.112	多普勒中心（Hz）	489
偏航角（°）	-2.543	俯仰角（°）	2.019

4.3.2　试验结果及分析

（1）试验方案一

试验方案一利用上述机载 SAR 数据块，选取 12 个定标点，其中 6 个作为控制点其余 6 个为检查点，控制点和检查点的分布如附图 4-5 所示，图中红色注记为控制点，蓝色注记为检查点，控制点和检查点沿距离向近似等距分布。

利用上述 6 个定标点采用单干涉像对参数定标方法对该数据块进行定标处理，参数定标后的结果如表 4-5 所示。

表 4-5　机载 InSAR 系统参数定标结果

干涉参数	定标结果
基线长度（m）	2.235 512
基线倾角（rad）	0.004 679
相位偏差（rad）	8.728 225
系统时间延迟（μs）	45.082 78
初始斜距（m）	6 757.737 980
多普勒中心频率（Hz）	-519.632 587

为了验证此参数定标的有效性，利用参数定标后的结果反算地面定标点的高程值，各定标控制点和检查点高程反算高程值的误差统计如表 4-6 所示，图 4-8 给出了各地面定标点反算高程值的误差分布图。

表 4-6   试验方案一反算定标点高程值误差统计

点号	实测高程值（m）	反算高程值（m）	高程误差（m）	类型
WG051	352.698 8	351.938 8	-0.76	控制点
WG214	321.814 6	319.554 6	-2.26	控制点
WG091	323.635 1	321.865 1	-1.77	控制点
WG144	333.469 4	330.779 4	-2.69	控制点
WG166	259.130 3	256.280 3	-2.85	控制点
WG205	345.536 9	341.176 9	-4.36	控制点
WG068	284.069 8	285.349 8	1.28	检查点
WG097	263.800 9	266.940 9	3.14	检查点
WG148	310.267 2	312.007 2	1.74	检查点
WG170	257.583 4	261.643 4	4.06	检查点
WG207	326.425 7	332.815 7	5.39	检查点
WG216	423.296 9	428.256 9	4.96	检查点

最大高程误差：5.39
最小高程误差：-0.76
高程误差均值：0.49
中误差：3.26
标准差：3.23

（2）试验方案二

试验方案二利用机载 SAR 数据块，选取同样的 12 个定标点，其中 6 个作为控制点其余 6 个为检查点，控制点和检查点的分布如附图 4-6 所示，图中红色注记为控制点，蓝色注记为检查点。与试

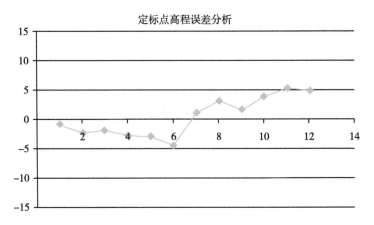

图 4-8 试验方案一定标点高程误差分布

验方案一不同的是控制点和检查点分布在两个距离向上。

　　同样利用上述 6 个定标点采用单干涉像对参数定标方法对该数据块进行定标处理，得到参数定标后的结果。为了验证此参数定标的有效性，利用参数定标后的结果反算地面定标点的高程值，各定标控制点和检查点高程反算高程值的误差统计如表 4-7 所示，图 4-9 给出了此方案各地面定标点反算高程值的误差分布图。

表 4-7 试验方案二反算定标点高程值误差统计

点号	实测高程值（m）	反算高程值（m）	高程误差（m）	类型
WG051	352.698 8	352.128 8	−0.57	控制点
WG214	321.814 6	326.704 6	4.89	控制点
WG091	323.635 1	320.455 1	−3.18	控制点
WG144	333.469 4	328.899 4	−4.57	控制点
WG166	259.130 3	255.000 3	−4.13	控制点
WG205	345.536 9	344.516 9	−1.02	控制点
WG068	284.069 8	285.089 8	1.02	检查点
WG097	263.800 9	265.430 9	1.63	检查点

（续表）

点号	实测高程值（m）	反算高程值（m）	高程误差（m）	类型
WG148	310.267 2	310.127 2	-0.14	检查点
WG170	257.583 4	260.323 4	2.74	检查点
WG207	326.425 7	336.835 7	10.41	检查点
WG216	423.296 9	436.886 9	13.59	检查点

最大高程误差：13.59
最小高程误差：-0.14
高程误差均值：1.72
中误差：5.61
标准差：5.34

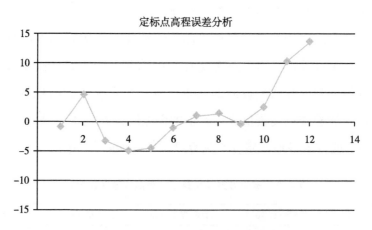

图 4-9 试验方案二定标点高程误差分布

（3）试验方案三

试验方案三利用机载 SAR 数据块，选取同样的 12 个定标点，其中 3 个作为控制点其余 9 个为检查点，控制点和检查点的分布如附图 4-7 所示，图中红色注记为控制点，蓝色注记为检查点。与试验方案一、试验方案二不同的是用于参数定标的控制点的数目明显减小。

同样利用上述 3 个定标点采用单干涉像对参数定标方法对该数据块进行定标处理，得到参数定标后的结果。为了验证此方案参数定标的有效性，利用参数定标后的结果反算地面定标点的高程值，各定标控制点和检查点高程反算高程值的误差统计如表 4-8 所示，图 4-10 给出了此方案各地面定标点反算高程值的误差分布图。

表 4-8　试验方案三反算定标点高程值误差统计

点号	实测高程值（m）	反算高程值（m）	高程误差（m）	类型
WG051	352.698 8	352.318 8	−0.38	控制点
WG214	321.814 6	321.474 6	−0.34	控制点
WG091	323.635 1	323.285 1	−0.35	控制点
WG144	333.469 4	332.919 4	−0.55	控制点
WG166	259.130 3	258.950 3	−0.18	控制点
WG205	345.536 9	343.826 9	−1.71	控制点
WG068	284.069 8	285.989 8	1.92	检查点
WG097	263.800 9	268.460 9	4.66	检查点
WG148	310.267 2	314.217 2	3.95	检查点
WG170	257.583 4	264.303 4	6.72	检查点
WG207	326.425 7	335.455 7	9.03	检查点
WG216	423.296 9	430.326 9	7.03	检查点

最大高程误差：9.03
最小高程误差：−0.18
高程误差均值：2.48
中误差：4.29
标准差：3.50

上述试验中，试验方案一的定标点布点方案采用 6 个定标点沿距离向近似等距分布；试验方案二的定标点布点方案采用 6 个定标

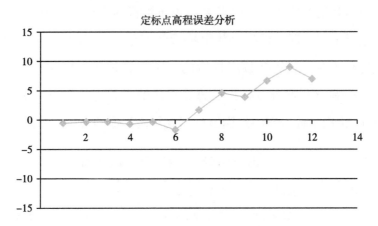

图 4-10　试验方案三定标点高程误差分布

点不在距离向非规则分布；试验方案三的定标点布点方案采用 3 个定标点沿距离向近似等距分布。3 个试验得到了相应的定标参数结果，分别利用干涉参数定标结果反算各控制点和检查点的高程，表4-6、表4-7、表4-8，图4-8、图4-9、图4-10分别给出了各定标点高程反算结果及误差分布图。

　　分析 3 个试验，试验方案一各定标点高程反算误差分布相对比较均匀，试验方案二、试验方案三不同定标点的反算高程误差变化比较大，具有明显的高程误差突变；与试验方案一相比，试验方案二、试验方案三的定标点反算高程误差精度明显降低。分析原因主要有：定标点的分布策略与参数定标结果的精度有很大关系，一定程度上决定了参数定标结果的精度，定标点沿距离向等距分布是有效的定标点分布策略；雷达斜距误差、干涉相位误差对雷达影像的成像产生影响，成像的误差使得干涉参数在影像上产生变化；地面点的高程测量误差也可能对参数定标精度产生影响。

4.4 区域网干涉参数定标试验

基于单张像片的机载 InSAR 干涉参数定标方法可以进行精确的参数定标处理，但在机载 InSAR 系统实用化大区域测图应用中，这种定标方法有一定的局限性。存在的主要问题有：一是该方法在大面积测图应用中，需要对各套干涉数据单独进行干涉参数定标，每套干涉数据图幅范围内分布均匀的地面控制点，因此整个大面积区域需要获取大量、分布均匀的地面控制点；二是大面积测图应用中，由于干涉参数定标误差的存在，不同干涉数据在重叠区域反算的同名点高程值不同，造成影像接边处高程异常。

我国西部地区常年多阴雨云雾、森林覆盖，在一些边缘高寒荒漠地区，地面特征不明显，野外作业非常困难，大多数区域很难到达。本书提到的机载 SAR 系统对我国西部成图困难地区进行测绘，获得了大量的机载干涉 SAR 数据，为了有效进行大区域干涉 SAR 数据参数定标，提高干涉参数定标性能，降低不同干涉数据重叠区域反演高程值差异，本章设计了机载 InSAR 系统区域网干涉参数定标方法的相应试验方案。基于区域网的参数定标软件模块界面如图 4-11 所示。

4.4.1 试验数据

试验采用中国测绘科学研究院牵头研制的机载双天线 InSAR 系统获取的数据，试验区位于中国登封地区，平均高程 330m，覆盖面积 60km×40km。机载 SAR 数据航向重叠 30%，旁向重叠 60%，飞行方向东西向，飞行高度 6 000m，平均飞行速度 120m/s，影像分辨率 2.5m。本节试验选取飞行方向为自西向东的 2 个航带，每个航带上

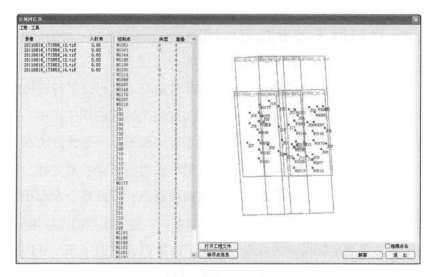

图 4-11 机载 InSAR 参数定标模块界面

各选取 3 个单干涉模型，航带号分别为航带 5 和航带 7，模型编号为 5-12、5-13、5-14、7-12、7-13、7-14。对于每个单干涉模块，影像大小为 5 460×10 836，X 波段，初始机载 InSAR 系统参数如表 4-4 所示。

4.4.2 控制点布设方案

应用区域网干涉参数定标方法对试验数据进行干涉参数定标，采用两种试验方案。

（1）试验方案一

试验方案一选取一个航带的 3 块干涉模型数据进行区域网干涉参数定标试验，各干涉模型数据块的连接情况如图 4-12 所示，在该数据结合图中，X 方向为雷达影像方位向，Y 方向为雷达影像距离向，3 个干涉数据模型编号为 5-12、5-13、5-14，位于航带 5。

试验方案一的定标控制点以及高程连接点的分布情况如附图 4-

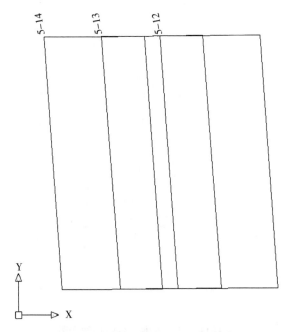

图 4-12　试验方案一各数据结合图

8 所示，其中红色标记点为定标控制点，蓝色标记点为高程连接点，选取 6 个点作为定标控制点，选取 33 个点作为高程连接点。部分高程连接点为实测的地面控制点，作为检验定标结果精度的检查点使用。

（2）试验方案二

试验方案二选取两个航带的 6 块干涉数据进行区域网干涉参数定标试验，各干涉模型数据块的连接情况如图 4-13 所示，在该数据结合图中，X 方向为雷达影像方位向，Y 方向为雷达影像距离向，3 个干涉数据模型编号为 5-12、5-13、5-14、7-12、7-13、7-14，位于航带 5 和航带 7。

试验方案二的定标控制点以及高程连接点的分布情况如附图 4-9 所示，其中红色标记点为定标控制点，蓝色标记点为高程连接点，

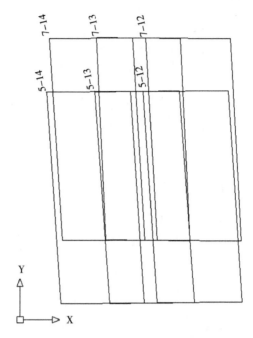

图 4-13　试验方案二各数据结合图

选取 8 个点作为定标控制点，选取 40 个点作为高程连接点使用。部分高程连接点为实测的地面控制点，作为检验定标结果精度的检查点使用。

4.4.3　试验结果及分析

（1）试验方案一结果

试验方案一利用一个航带 3 个机载干涉 SAR 数据块，选取 6 个定标点控制点、33 个高程连接点，干涉模型 5-12、5-13、5-14 中定标控制点和高程连接点的分布情况如附图 4-10 所示。采用区域网干涉参数定标方法进行处理，得到基线参数、相位偏差、系统时间延迟以及多普勒中心等参数信息。

利用上述定标控制点和高程连接点采用区域网参数定标方法对

各干涉数据块进行定标处理，各干涉数据块参数定标后的结果如表 4-9 所示。

表 4-9 试验方案一区域网参数定标结果

干涉参数	5-12	5-13	5-14
基线长度（m）	2. 243 470 190 1	2. 240 299 294 2	2. 236 256 094 1
基线倾角（rad）	0. 001 541 480 9	0. 003 070 811 0	0. 003 741 803 8
相位偏差（rad）	10. 788 659 916 2	9. 939 693 847 7	15. 369 570 154 0
系统时间延迟（μs）	45. 083 4	45. 082 7	45. 078 3
初始斜距（m）	6 757. 838	6 757. 738	6 757. 079
多普勒中心频率（Hz）	577. 343 534	−511. 632 587	872. 778 285

表 4-10 试验方案一各数据块所用定标点

数据	GCPs	高程中误差
5-12	4	3. 920
5-13	4	1. 892
5-14	2	3. 166

表 4-10 给出了在试验方案一中各干涉数据模型块应用区域网干涉定标方法所需定标控制点以及利用定标结果反算控制点高程中误差的情况，可以看出应用此方法能够进行精确的参数定标，其中数据块 5-14 只需两个定标控制点就可以实现参数定标，而采用单干涉像对的参数定标方法时，由于定标控制点数目不足难以进行定标处理。区域网参数定标处理完成后可以得到各数据块连接点的高程值，表 4-11 给出了在试验方案一中加密得到的各连接点的高程值。

表 4-11　试验方案一连接点高程值

WG144	333.72
WG196	266.98
WG214	324.48
J01	304.14
J02	371.14
J03	346.38
J04	340.05
J05	260.83
J06	348.83
J07	380.67
J08	411.13
J09	343.37
J10	280.31
J11	286.03
WG068	286.21
WG097	268.17
WG148	314.28
WG170	264.72
WG207	337.38
WG216	433.42
WG177	401.07
J13	320.92
J14	295.06
J15	293.60
J16	292.02
J17	351.08
J18	382.56
J19	301.15
J20	308.78
WG183	326.03
WG186	391.37
WG201	285.32
WG180	334.05

上述各数据块高程连接点中，有部分点为地面实测的控制点，选取这些高程控制点对其进行精度评定，表4-12、图4-14分别给出了此实测高程值的连接点的误差统计及误差分析图。分析可知，应用区域网参数定标方法加密出的各数据块的连接点具有很高的高程精度，可以有效改善各数据块重叠区域高程不一致的问题。

表4-12　试验方案一反算连接点高程值误差统计

点号	实测高程值（m）	加密高程值（m）	高程误差（m）
WG144	333.47	333.72	0.250 6
WG196	269.42	266.98	−2.440 4
WG214	321.81	324.48	2.665 4
WG068	284.07	286.21	2.140 2
WG097	263.8	268.17	4.369 1
WG148	310.27	314.28	4.012 8
WG170	257.58	264.72	7.136 6
WG207	326.42	337.38	10.954 3
WG216	423.3	433.42	10.123 1
WG177	400.03	401.07	1.034 7
WG183	330.6	326.03	−4.576 8
WG186	392.91	391.37	−1.540 2
WG201	284.43	285.32	0.890 6
WG180	336.33	334.05	−2.276 5

高程中误差：5.05

（2）试验方案二结果

试验方案二利用2条航带6个机载干涉SAR数据块，选取8个定标点控制点、40个高程连接点，干涉模型5-12、5-13、5-14、

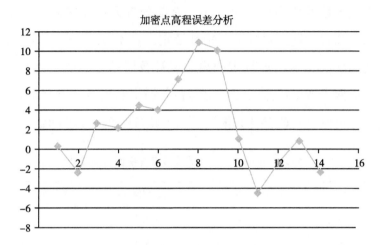

图 4-14　试验方案一连接点高程误差分布

7-12、7-13、7-14 中定标控制点和高程连接点的分布情况如附图 4-11 所示。采用区域网干涉参数定标方法进行处理，得到基线参数、相位偏差、系统时间延迟以及多普勒中心等参数信息。

利用上述定标控制点和高程连接点采用区域网参数定标方法对各干涉数据块进行定标处理，各干涉数据块参数定标后的结果如表 4-13 所示。

表 4-13　试验方案二区域网参数定标结果

干涉参数	5-12	5-13	5-14	7-12	7-13	7-14
基线长度（m）	2.237 780 24	2.236 319 10	2.203 415 08	2.224 922 56	2.238 349 3	2.248 492 4
基线倾角（rad）	0.003 859 21	0.004 709 21	0.017 304 14	0.010 745 92	0.006 768 3	0.002 741 0
相位偏差（rad）	9.241 372 44	8.843 698 37	6.559 741 46	5.300 823 55	8.338 323 8	11.744 030
系统时间延迟（μs）	45.083 2	45.082 5	45.079 7	45.203 1	45.202 9	45.171 2

（续表）

干涉参数	5-12	5-13	5-14	7-12	7-13	7-14
初始斜距（m）	6 757.791	6 757.686	6 757.266	6 775.764	6 775.734	6 770.982
多普勒中心频率（Hz）	577.343 534	−511.632 587	872.778 285	582.343 244	455.861 34	340.674 60

表 4-14　试验方案二各数据块所需定标点控制点

数据	GCPs	高程中误差
5-12	4	2.467
5-13	4	2.697
5-14	4	2.275
7-12	3	3.858
7-13	3	3.387
7-14	4	3.445

　　表 4-14 给出了在试验方案二中各干涉数据模型块应用区域网干涉定标方法所需定标控制点以及利用定标结果反算控制点高程中误差的情况，可以看出应用此方法能够进行精确的参数定标。本次试验中，区域网参数定标处理完成后得到了各数据块连接点的高程值，表 4-15 给出了在试验方案二中加密得到的各连接点的高程值。

表 4-15　试验方案二连接点高程值

WG144	333.06
WG166	262.94
WG196	272.21
WG068	285.65
WG097	266.30

（续表）

WG148	312.53
WG170	264.07
WG207	331.40
WG216	431.83
J01	381.86
J02	285.97
J03	332.94
J04	363.24
J05	315.07
J06	286.45
J07	252.86
J08	264.77
J09	272.30
J10	267.19
J11	282.36
J12	319.20
J13	262.04
J17	349.33
J22	260.91
WG177	399.20
J15	403.36
J16	403.59
J18	327.54
J19	298.76
J20	284.02
J21	273.07
J23	305.14
J24	303.59
J29	338.33

（续表）

WG186	394.51
WG189	339.02
J25	334.17
J26	373.01
J27	342.83
WG048	334.14

与试验方案一类似，在试验方案二中上述各数据块高程连接点中，有部分点为地面实测的控制点，选取这些高程控制点对其进行精度评定，表4-16、图4-15分别给出了此实测高程值的连接点的误差统计及误差分析图。分析可知应用区域网参数定标方法加密出的各数据块的连接点具有很高的高程精度。

表4-16　试验方案二反算连接点高程值误差统计

点号	实测高程值（m）	加密高程值（m）	高程误差（m）
WG144	333.47	333.06	-0.41
WG166	259.13	262.94	3.81
WG196	269.42	272.21	2.79
WG068	284.07	285.65	1.58
WG097	263.80	266.30	2.50
WG148	310.27	312.53	2.26
WG170	257.58	264.07	6.49
WG207	326.42	331.40	4.98
WG216	423.30	431.83	8.53
WG177	400.04	399.20	-0.84

（续表）

点号	实测高程值（m）	加密高程值（m）	高程误差（m）
WG186	392.91	394.51	1.60
WG189	334.24	339.02	4.77
WG048	333.37	334.14	0.76

高程值误差：3.95

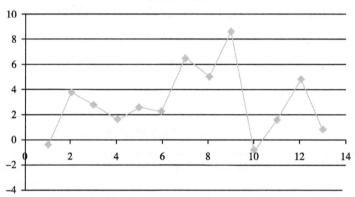

加密点高程误差分析

图 4-15　试验方案二连接点高程误差分布

比较试验方案一与试验方案二，试验方案一采用一个航带的干涉模型数据，试验方案二采用两个航带的干涉模型数据，通过区域网参数定标方法都可以得到相应的基线参数、相位偏差、初始斜距、系统时间延迟、多普勒中心频率等干涉参数以及各干涉数据块连接点高程加密值，由干涉参数反算地面定标控制点的高程值具有较高的精度。试验方案二与试验方案一不同的是，数据连接点的个数明显增多，通过反算其中作为已知实测高程的连接点的高程值，可以看出试验方案二高程加密点的精度高于试验方案一。试验验证区域网参数定标方法可以有效改善机载干涉 SAR 数据重叠区域高程不一致的问题。

参考文献

蔡倩倩，许履瑚，梁在中，等，1992. 实用数学手册［M］. 北京：科学出版社.

韩松涛，向茂生，2010. 一种基于特征点权重的机载 InSAR 系统区域网干涉参数定标方法［J］. 电子与信息学报，32（5）：364-370.

蒋正新，等，1987. 矩阵理论及其应用［M］. 北京：北京航空学院出版社.

靳国旺，2010. 一种机载双天线 InSAR 干涉参数定标新方法［J］. 测绘学报，39（1）：76-81.

靳国旺，徐青，朱彩英，等，2006. 利用平地干涉相位进行 InSAR 初始基线估计［J］. 测绘科学技术学报，23（4）：278-283.

李德仁，郑肇葆，1992. 解析摄影测量学［M］. 北京：测绘出版社.

李康，黄胜，赵辉，2008. GPS 坐标系的转换及其在姿态求解中的应用［J］. 指挥控制与仿真，30（5）：113-116.

李品，王东进，陈卫东，2009. 基于定标器高程差的 InSAR 参数定标［J］. 中国科学院研究生院学报，26（1）：68-74.

李庆扬，王能超，易大义，2006. 数值分析［M］. 4 版. 北京：清华大学出版社.

李新武，郭华东，廖静娟，等，2003. 基于快速傅立叶变换的干涉 SAR 基线估计 [J]. 测绘学报, 32 (1): 70-72.

马婧, 尤红建, 胡东辉, 2010. 机载 InSAR 影像区域网平差原理及精度分析 [C]. International Conference on Remote Sensing (ICRS) (4): 415-418.

马婧, 尤红建, 龙辉, 等, 2010. 一种新的稀少控制条件下机载 SAR 影像区域网平差方法的研究 [J]. 电子与信息学报, 32 (12): 2842-2846.

钱李昌, 孙文峰, 马晓岩, 2008. 机载条带 SAR F. leberl 扩展模型无参考点定位 [J]. 空军雷达学院学报, 22 (4): 256-258.

孙造宇, 2002. 机载合成孔径雷达成像算法研究 [D]. 长沙: 中国人民解放军国防科技大学.

肖国超, 朱彩英, 2001. 雷达摄影测量 [M]. 北京: 地震出版社.

杨杰, 潘斌, 李德仁, 等, 2006. 无地面控制点的星载 SAR 影像直接对地定位研究 [J]. 武汉大学学报 (信息科学版), 31 (2): 144-147.

袁修孝, 2008. POS 辅助光束法区域网平差 [J]. 测绘学报, 37 (2): 342-348.

袁修孝, 付建红, 楼益栋, 2007. 基于精密单点定位技术的 GPS 辅助空中三角测量 [J]. 测绘学报, 36 (3): 251-255.

张澄波, 1989. 综合孔径雷达原理、系统分析与应用 [M]. 北京: 科学出版社.

张力, 张继贤, 陈向阳, 等, 2009. 基于有理多项式模型 RFM 的稀少控制 SPOT-5 卫星影像区域网平差 [J]. 测绘学报, 38 (4): 302-310.

张薇, 2009. 机载双天线干涉 SAR 定标方法研究 [D]. 北京：中国科学院电子学研究所.

张薇, 等, 2008. 基于正侧视模型的机载双天线干涉 SAR 外定标方法 [J]. 遥感技术与应用, 23 (3)：346-350.

张薇, 向茂生, 吴一戎, 2009. 基于三维重建模型的机载双天线 SAR 外定标方法及实现 [J]. 遥感技术与应用, 24 (1)：262-269.

张贤达, 2004. 矩阵分析与应用 [M]. 北京：清华大学出版社.

RAGGAM H, GUTJAHR K H, 2000. InSAR Block Parameter Adjustment [C]. 3rd European Conference on SAR, Munich, Germany.

TOUTIN T, 2003. Path Processing and Block Adjustment with RADARSAT-1 SAR Images [J]. IEEE TGARS, 41 (10)：2320-2328.

YUE X J, HUANG G M, 2008. Multi-photo combined adjustment with airborne SAR images based on F. leberl orthorectification model [C]. Beijing：The International Society for Photogrammetry and Remote Sensing.

5 总结与展望

由于 SAR 技术具有全天时、全天候、高精度等突出优势，机载 InSAR 在地形测绘方面具有良好的应用前景。为了获得高精度的 DEM，需要在干涉处理时采用高精度的干涉参数。干涉参数定标可以对这些参数偏差进行校正，以提高获取 DEM 的精度。本书在传统的基于单张像片的机载 InSAR 干涉参数定标方法基础上，发展完善了单片干涉参数定标方法，并借鉴区域网平差思想，设计了区域网干涉参数定标的方法并进行了相应的试验。主要完成了以下工作。

一是从机载 InSAR 获取 DEM 的基本原理和技术流程出发，研究了影响机载 InSAR 获取 DEM 精度的各种干涉参数误差，并对其进行了误差分析，通过误差分析可知，影响干涉精度的主要误差有基线姿态误差、基线长度误差、干涉相位误差、斜距误差以及载机飞行姿态误差。

二是研究了 POS 数据的处理方式，对高精度 POS 数据在机载 InSAR 中的应用进行了初步探讨，并给出了机载 InSAR 测量中使用的各种坐标系。通过 POS 数据的处理，利用多项式拟合可以得到机载雷达天线的飞行轨迹，提供高精度的雷达天线位置信息。

三是完善了基于单张像片的机载 InSAR 干涉参数定标方法。首先给出了系统时间延迟和多普勒中心频率利用地面控制点结合 POS 导航信息的参数定标算法，然后给出了基线参数和相位误差的参数定标模型，通过试验验证了相应的理论方法的正确性和有效性；提出了较为全面的机载 InSAR 干涉参数定标技术流程。

四是在基于单张像片的机载 InSAR 干涉参数定标方法的基础上，设计了机载 InSAR 区域网干涉参数定标的方法，在 VC++开发平台下，开发了区域网干涉参数定标方法的实现程序，利用河南登封定标飞行试验获取的机载 SAR 数据进行试验，获得了良好的结果。分别选取一个条带和两个条带不同干涉数据块进行了相关试验，得到了相应的干涉参数和加密点高程值，通过统计反算定标点高程值中误差，验证了该方法的正确性和有效性。

在本书相关研究的基础上，以下工作有待进一步完善。

一是进一步完善区域网干涉参数定标方法，考虑引入更多的干涉参数参与区域网平差运算。考虑将完整的载机姿态参数（姿态角、横滚角、俯仰角）加入到干涉参数定标模型，完善干涉参数定标模型，提高算法运算效率。

二是进一步提高机载 InSAR 干涉参数定标的精度。在一定的精度要求和测区面积不大的情况下，以水平面直接代替水准面把较小一部分地球表面上的点投影到水平面上来决定其位置，本课题的参数定标模型就是基于以上前提下导出的。当在大面积测图时，考虑地球曲率对地面点高程的影响是必要的。为了进一步提高机载 InSAR 干涉参数定标的精度，下一步的工作中，考虑将地球曲率引入干涉参数定标模型。

三是进行更多试验，探讨适用于机载 InSAR 大比例尺地形测绘的干涉参数定标方法。

附　图

（a）雷达原始图像

（b）干涉条纹图

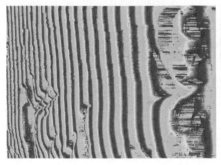

（c）彩色干涉条纹图

（d）干涉质量图

（e）DEM 处理结果

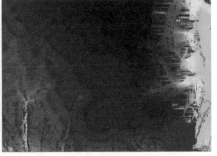

（f）彩色 DEM 结果

附图2-1　InSAR干涉处理生成DEM的结果图

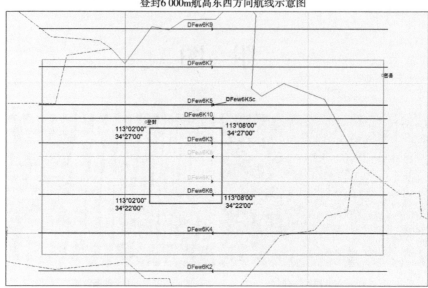

附图4-1　登封6 000m飞行高度设计航线

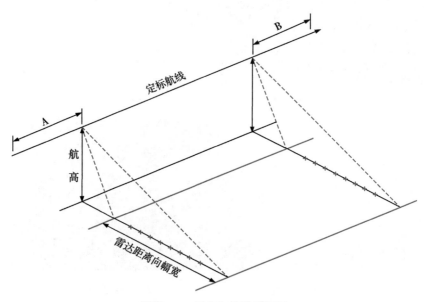

附图4-2　标点和航线示意图

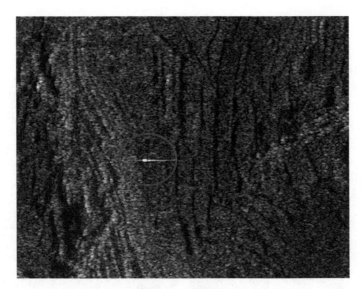

附图4-3　定标点

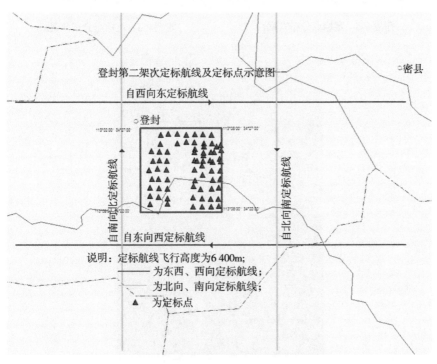

附图4-4　登封6 000m航高标点布设方案

附图4-5　定标点分布方案1

附图4-6　定标点分布方案2

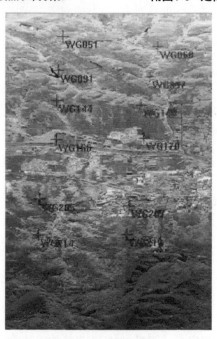

附图4-7　定标点分布方案3

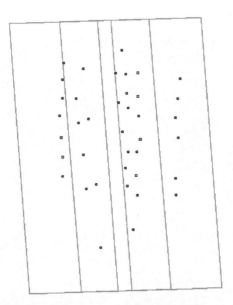

附图4-8　试验方案一控制点和连接点分布图

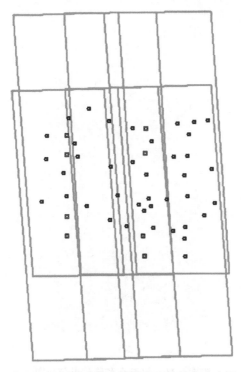

附图4-9　试验方案二控制点和连接点分布图

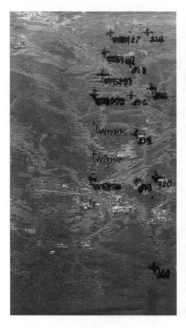 

5-14   5-13

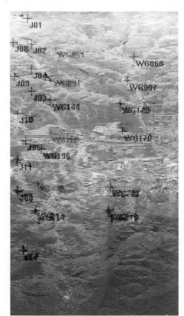

5-12

附图4-10　控制点和连接点分布图

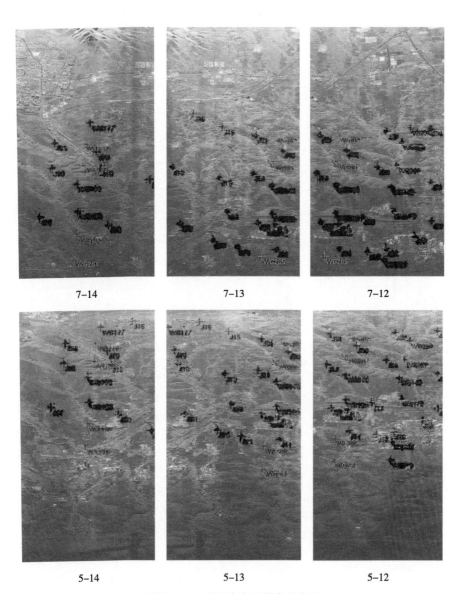

7-14   7-13   7-12

5-14   5-13   5-12

附图4-11 控制点和连接点分布图